本书由佛山市高明区博物馆、佛山科学技术学院广东省非遗研究基地联合出品

至味悠长

——高明濑粉

谢中元　杨丽东　编著

九州出版社
JIUZHOUPRESS

图书在版编目（CIP）数据

至味悠长：高明濑粉／谢中元，杨丽东编著．－－
北京：九州出版社，2023.4
ISBN 978-7-5225-1737-7

Ⅰ.①至… Ⅱ.①谢…②杨… Ⅲ.①大米—饮食—
文化—高明区 Ⅳ.①TS971.202.654

中国国家版本馆 CIP 数据核字（2023）第 057150 号

至味悠长：高明濑粉

作　　者	谢中元　杨丽东　编著
责任编辑	高美平
出版发行	九州出版社
地　　址	北京市西城区阜外大街甲 35 号（100037）
发行电话	（010）68992190/3/5/6
网　　址	www.jiuzhoupress.com
印　　刷	唐山才智印刷有限公司
开　　本	710 毫米×1000 毫米　16 开
印　　张	12.5
字　　数	155 千字
版　　次	2023 年 8 月第 1 版
印　　次	2023 年 8 月第 1 次印刷
书　　号	ISBN 978-7-5225-1737-7
定　　价	85.00 元

编 委 会

激发非遗活力，传承历史文脉

仇艳芳

历史文化遗产承载着中华民族的基因和血脉，非物质文化遗产（简称"非遗"）作为国家和民族的文化瑰宝，是历史文化成就的重要标志，是优秀传统文化的重要组成部分。

高明濑粉是高明区最著名的地方美食，历史源远流长。作为稻食文化的一种代表性食物，高明濑粉孕育于高明的地理山水中，体现着高明区域文化的质朴和厚重。时至今日，大大小小的濑粉店遍布高明的街市集镇。濑粉是高明人不可或缺的饮食日常，也是游客寻味高明必定"打卡"的地标美食，更是漂泊游子的乡愁所系。

高明濑粉不只是一种单纯的食物，更是广泛流传于高明地区的饮食习俗。在高明，不论是嫁娶喜事还是逢年过节，总少不了濑粉的登场。濑粉寓意长长久久、如意吉祥、团圆幸福，饱含着高明人民对原乡生活的热爱和对美好未来的向往。吃一碗濑粉，既是对自然馈赠的感恩，又是对美好生活的祈福。可以说，高明濑粉与高明人口味相连、心灵相通、情感相融，关于濑粉的记忆深深烙印在高明人的心灵深处，凝结在高明文化的核心价值中。

　　近年来，高明大力推动高明濑粉的保护、传承和发展。政府部门主导，社会力量参与，不断加强高明濑粉的历史挖掘、价值阐释和文化传播。2007年，高明区举办"万人濑粉节"，较早地开启了社会化保护的历程。2009年，高明濑粉节入选佛山市第二批市级非遗名录（民俗类别）。截至2019年，高明濑粉节连续举办十三届，已经成为"珠三角"远近闻名的文旅节庆品牌活动。从最早的地方政府主导，到如今的社会力量担纲，文化和旅游深度融合发展，实现了高明濑粉的保护、传承和良性发展。

　　佛山市第十三次党代会提出，未来五年，佛山务必成为传承岭南广府文脉领头羊，其中特别提到，要激活非遗发展活力，推动陶瓷文化、功夫文化、龙狮文化、美食文化、工匠文化大放光彩。

　　高明濑粉作为佛山美食文化的一个独特代表，需要悉心守护，与时俱进，如此才能焕发和保持独特魅力。《至味悠长——高明濑粉》的编撰出版正是对非遗保护的具体实践，它是一本推介高明美食名片的通俗读本，也是第一部对高明濑粉进行系统研究的学术作品，可以让更多人借此寻味高明美食，领略高明文化韵味。

　　激发非遗活力，传承历史文脉，是文化部门的责任和使命。当前，高明区正大力推动文化事业产业高质量发展，积极创建国家全域旅游示范区。这需要我们坚持以文塑旅、以旅彰文，通过不断擦亮高明文化名片，实现"以文化人、以文兴城"，增强群众获得感和提升城市美誉度。

　　我们将进一步增强历史自觉，坚定文化自信，深挖本土文化资源，积极弘扬优秀文化，为佛山争当传承岭南广府文脉领头羊贡献高明力量。

　　是为序。

　　（作者系中共高明区委宣传部常务副部长、高明区文化广电旅游体育局局长）

目　录
CONTENTS

第一章

高明濑粉源流

　　濑粉是广东省著名传统小吃之一，兴于粤港澳等地，佛山高明、广州西关、东莞厚街、中山三乡等均为广东省内有代表性的分布地。其中，高明濑粉以其所具有的地方特色的制作和食用方法，在广东濑粉乃至民间美食体系中都有鲜明辨识度。按照《佛山市高明区名特小吃联盟标准（高明濑粉）》（FSLB/GM 01-2017）的界定，高明濑粉是以晚造粘米、饮用水、米饭为主要原料，以葱、姜、蒜、油炸花生米、头菜丝、鸡蛋丝、鱼肉丝、猪肉、牛肉、排骨等为配料，采用佛山高明特色工艺制作而成，并在冷藏条件下贮存，需熟制后食用或供餐饮业用的米粉制品。

图 1-1　濑粉店内制作完成备用的濑粉（谢中元　摄）

高明濑粉以稻米为主要原料，其产生、传承和发展离不开稻谷。稻属禾本科，包括水稻和陆稻（旱稻）。我国是栽培稻发源地之一，稻也是我国栽培历史较早的重要粮食作物之一。民以稻为食，以地方性智慧发展稻米制品及饮食文化，高明濑粉即典型代表之一。濑粉作为佛山市高明区的特色米粉制品，一方面延续着高明地区民众饮食的集体记忆，另一方面依托高明的区域位置进行着饮食文化的地缘互动和传播。那么，高明濑粉如何发源的？民间存在什么习俗？这些值得一探究竟。

第一节 北稻南传

我国古文献很早就对稻进行过记载："稻人掌稼下地。"[①] "稻人"为周代地官之一，而将稻作为官名，凸显了稻的重要性。北宋苏辙《古史·殷本纪·卷四》载："葛伯率其民，邀其有酒肉黍稻者夺之，不受者，杀之。"[②] 早在夏代，稻已为重要食料。葛伯真有其人，《史记·殷本纪·卷三》载："汤征诸侯，葛伯不祀，汤始伐之。"[③] 夏末，汤居亳（今河南商丘），与葛国（今河南宁陵北）相邻，位于黄河中下游地区。"稻"在此区域出现，说明稻也是北方之食。

在考古发掘中，时常有稻谷遗存出土，而且绝大多数出现于长江以南地区。这里土地肥沃，江河众多，气候温和，雨量充沛，有利于水稻的栽培和农业的发展。因此，早在新石器时代，岭南地区就已经出现了

---

① （清）阮元. 周礼注疏·稻人·卷十六 ［M］. 北京：中华书局，1980：746.
② （北宋）苏辙. 古史·殷本纪·卷四 ［M］. 台北：商务印书馆，1984：221.
③ （西汉）司马迁. 史记·殷本纪·卷三 ［M］. 北京：中华书局，1959：93.

原始农业。水稻不是在岭南与周边地区独立起源的,它们与粟黍等旱作物一样,由长江中下游地区传播而来,但传播的路线目前不得而知。那么,稻何时在广东出现?位于广东中部偏北的英德市云岭镇的牛栏洞遗址,是一处旧石器时代末期至新石器时代初期的洞穴遗存。该遗址二、三期文化的年代距今 1.1—0.8 万年,在其文化层样品中发现了水稻硅质体,包括双峰硅质体、扇形硅质体两种形态。两种水稻硅质体的形态数据经计算机聚类分析,结果表明属于非籼非粳的类型,在水稻的进化序列上处于一种原始状态,是籼粳尚未分化的古稻。牛栏洞遗址送检的31 个文化层样品中,仅有七个样品发现了水稻硅酸体,其水稻硅质体与栽培稻的密切程度以及是否属于人工栽培稻遗存需进一步研究①。而在发掘面积近 4000 平方米的曲江马坝石峡遗址,其文化层、窖穴和墓葬中均有大量的炭化米粒、稻谷、稻壳和稻秆等遗存。广东省农科院粮食作物研究所专家对该遗址窖穴出土的炭化稻谷做了鉴定,认为它们与现今常食用的籼稻和南方粳稻品种相似。结合出土较多的生产工具,证明当时稻作农业已成为主要的农耕生产活动②。广东省内的广信河、泥岭、床板样、下角垅等,属于与石峡文化内涵类似的遗址,均分布在广东北部山区,也发现了水稻遗存及类似的生产生活工具③。可见,至迟在距今 5000—4000 年的时期,粤北山地已有水稻种植。

---

① 向安强,刘桂娥.岭南史前稻作农耕文化述论 [J].华南农业大学学报(社会科学版),2004(04):124—130.

② 广东省文物考古研究所,广东省博物馆,曲江博物馆.石峡遗址:1973—1978 年发掘报告 [R].北京:文物出版社,2014.

③ 李岩.对石峡文化的若干再认识 [J].文物,2011(5):48—54;向安强.广东史前稻作农业的考古学研究 [J].农业考古,2005(01):149—155.

图1-2 古椰贝丘遗址（高明区博物馆 供图）

在差不多同期或稍早一些的时间，佛山地区却未产生稻作农业，稻作技术尚未在佛山地区出现。古椰贝丘遗址中出土了水稻，原以为是新石器时代遗存，实际并非如此。古椰贝丘遗址位于佛山市高明区荷城街道古椰村鲤鱼岗侧，是一处典型的新石器时代贝丘遗址。有科研团队在古椰贝丘遗址选择了15个样品（其中3个样品为三个文化层的3粒稻米遗存），送至北京大学放射性碳年代测定实验室进行AMS-14C年代测定。植物种子测年显示，古椰贝丘遗址的年代为距今5800—5500年。3粒稻米遗存是浮选出的30多粒稻米中炭化程度较高的，测年结果表明它们来自近现代，是后期混入的结果①。

稻作农业进入珠江三角洲地区（简称"珠三角"）的时间还另有

---

① 杨晓燕，李昭，王维维，等．稻作南传：岭南稻作农业肇始的年代及人类社会的生计模式背景［J］．文博学刊，2018（01）：33—47.

说法。宗永强等认为珠三角的稻作农业直到约公元前 500 年才开始发展①。研究人员通过对珠三角从南至北 7 个钻孔的硅藻、孢粉和沉积物分析，发现距今 7000—3500 年间，海岸线从广州以北逐步后撤，当时湿地面积有限，不利于稻作农业发展，古人的食物来源于丰富的海洋资源。该地区对非本地起源的家畜饲养业和种植业的接受程度一直较低，可能与该地区的自然环境有一定关系。这个区域的水热条件优越，雨热同期，植被茂盛，陆生和水生的野生动植物资源都非常丰富。在人口数量相当有限的前提下，对于食物资源的需求也是有限的，因此在相当漫长的人口数量增加较为缓慢或者未出现大规模外来人口和族群入迁的时段里，当时遗址周围的野生动植物资源可以满足大部分人的需求，他们一直以渔猎和采集为主。约公元前 500 年之后，海岸线退至番禺一带，珠三角湿地面积扩大，为稻作农业的发展提供了自然条件。以水稻为主的稻旱混作农业，在珠三角整个产业来源的比重也逐步扩大。

　　到了青铜时代，广东农业的经营方式，以山岗、台地的锄耕农业为主，播植水稻是主要的农业生产活动。据《史记·货殖列传》载，楚越之地"饭稻羹鱼，或火耕而水耨"。这是对整个南中国水田地区耕作和生活的概述，广东也不例外。有关水稻栽培的劳动生产场面则在佛山澜石发现的一件水田模型中得到生动体现。1961 年，在佛山澜石东汉墓中，发现一座水田模型。模型由泥质红陶制成，田面被田埂分成六份，其中有几个俑在劳动。第一方左边地上放着一"V"形犁，右边立一着斗笠俑作扶犁耕田状；第二方内一俑作执镰躬身收割的样子；第三方一俑坐在田埂上磨镰，田间堆有禾堆；第四方有一扶犁耕作俑，俑的

---

① Zong y., Zhene z., Huan K., et al., Changes in Sea Level, Water Salinity and Wetland Habitat Linked to the Late Agricultural Development in the Pearl River Delta Plain of China [J]. *Quaternary Science Reviews*, 2013（70）：145—157.

前方有"V"形犁，左侧有两个圆形肥堆；第五方地上有表示秧苗的蓖点纹和一个直腰休息的插秧俑；第六方内有一个脱粒的小孩和三个禾堆。除第五方外，每方都画有水波纹。水田右后方2厘米左右处，有一小船，船用跳板连接，船身被两道坐板隔成前、中、后三个仓，中仓内有一圆形小篮，船的两头翘起，呈新月形①。佛山水田模型表明，这时期运用了育秧移栽技术，稻谷种植已经推行。

至公元六世纪，稻的品种衍生出一定数量。《齐民要术·水稻第十一》载："今世有黄瓮稻、黄陆稻、青稗稻、豫章青稻、尾紫稻、青杖稻、飞蜻稻、赤甲稻、乌陵稻、大香稻、小香稻、白地稻；菰灰稻，一年再熟。"② 这为稻米制品的产生奠定了扎实基础。宋元时期，岭南粮食加工技术也有了发展。朱熹在给宋朝宰相的书信中说，"广米"的特征是"颗粒匀净，不杂糠秕，干燥坚硕，可以入藏"（《晦庵先生朱文公文集》）。米粒"颗粒匀净""坚硕"是优良稻品的特征；"不杂糠秕"显示，在谷米脱粒的过程中，不是用传统舂米方式，而是联合使用水碓和带有"飚扇"的翻车，碎米和谷壳被清除干净。"干燥"显示加工过程中，也注意将谷米晒干而使之耐储存。高明地区的水稻种植处于岭南水稻种植体系之中，随着种植技术提升积累了丰富的种植经验，产生了较为稳定的水稻品种。

---

① 广东省文物管理委员会. 广东佛山市郊澜石东汉墓发掘报告 [J]. 考古, 1964 (09)：8—10, 448—457.

② (后魏) 贾思勰. 齐民要术校释 (第二版) [M]. 缪启愉校释. 北京：中国农业出版社, 1998：137.

第二节　稻谷产销

当代人类学家马文·哈里斯（Marvin Harris）认为，物质生态因素决定不同地区的文化差异，从而导致饮食差异①。一方民众对食物的认同和品位意识往往与食物产生的环境息息相关，食物深深嵌入所依存的气候、土地、地形等自然环境以及传统生产技术、地方信仰、社会文化与价值等人文环境当中。作为传统制作技艺表述的高明濑粉，不仅具备文化传统背后的品位意识，而且与高明的地理独特性和农业永续性相关的地方性相关。高明濑粉主配料搭配和使用中的稳定、包容和多样，体现的正是高明独特的风土性，正是这些风土性才使得濑粉具有恒久价值和魅力，成为彰显食物与人、农业生产以及社会关系的文化符号。

从地理位置上看，高明地处广东省中部、珠江三角洲西面，位于珠三角与粤西的中间地带。据清康熙《高明县志》舆地图载："粤东都会，惟广州、高明一水东流，与南海合，刍薪鱼盐之利，取给于广州甚便焉。西望香山则连绵数县，春夏之交云蒸雾合，须臾雨下，水即达于南海，澎湃洄漩，亦奇观也，况乎皂幕之又屏于东南也哉。"② 高明地区毗邻西江，土地资源丰富，以丘陵山地为主，平原围田约占土地总面积的三分之一。

高明一带的水稻种植由来已久，在漫长的水稻种植实践中形成了稳

---

① ［美］马文·哈里斯. 好吃：食物与文化之谜［M］. 叶舒宪，户晓辉，译. 济南：山东画报出版社，2001：139.
② （清）鲁杰，罗守昌. 高明县志［M］.广东历代方志集成影印本. 广州：岭南美术出版社，2009：21.

定的水稻品种和水稻种植技术。据清康熙《高明县志·卷五·地理志》载："稻蚕晚早三种。又有尖鼻乌尻鹴鸪臀，又有大禾稻，须芒及寸，种莙中，与水俱长，茎丈余，正月布谷，九月乃登。"① 清道光《高明县志·卷二·地理》载："稻分秋冬二种。"② 清光绪《高明县志》卷二《地理》载："鼠牙黏细如鼠牙，色味俱佳，以米启有黑点如蝇矢者为最。"③ 这说明，高明地区充分利用水利气候优势，最大化开发水田的使用价值，逐步将水稻种植发展为一年两熟甚至三熟，培育了"大禾稻""鼠牙黏"等优良品种。不过，基于土地瘦瘠、水患频发等原因，到清末民初，高明地区的粮食产量仍较有限。至民国中后期，水稻种植作为高明地区的主要农耕生产方式逐渐凸显，有不少报刊记载可资佐证，兹择其要列举如下：

《调查：高明县物产调查表》（1930 年）记，"全县农产以县城内最少""年产约七十万担""每担匀计价银六元，共价四百二十万元""总销场在三洲墟，系古劳沙口大基头入内分销""除供给本县食粮外，外销约十余万担"。④

梁琴友《调查报告：高明县调查报告书（民国二十四年六月）》（1935 年）记："山川险阻，东北低而西南高，沃土少而瘠土多，高者有旱魃之虞，低者有西潦之苦。""全县无机器工业，前有光明电灯公司，兼碾米机一间，去年因数目关系，内部分裂，而致歇业……""全县农业，以谷米为大宗，丰年可运出口，什量瓜菜，亦足自给……"

---

① （清）鲁杰，罗守昌．高明县志［M］．广东历代方志集成影印本．广州：岭南美术出版社，2009：76.
② （清）祝准，夏植亨．高明县志［M］．广东历代方志集成影印本．广州：岭南美术出版社，2009：54.
③ （清）邹兆麟，蔡逢恩．高明县志［M］．中国方志丛书影印本．台北：成文出版社，1974：118.
④ 调查：高明县物产调查表［J］．工商半月刊，1930，2（02）：46—47.

"查第一区土质略佳，民多务农自给，除种稻外，蔬菜烟叶芏席，均有种植；第二三四等区，地势较高，土多砂碛，不易耕耘，且水利未兴，时虞旱魃；惟近沧江流域一带，设置自动水车，戽水灌溉，旱灾可免，谷米杂粮烟草芏席等，均有出产；五六两区，土质较肥，适于农耕蚕桑之业，鱼虾牲畜，均有出产，惟地势较低，时有水患，到处塱田，终年积水，一旦西潦暴涨，洪水决围，尽成泽国，农产失收，屋宇冲陷，人畜淹没，为害不堪。""商业与货币，该县地瘠民贫，无大规模之商埠，县城之明城镇，有河流浅狭之沧江，只有小民船运输，商业不甚繁盛，贸易以谷米什货芏席为大宗……""灾害调查，县属近年来水旱频仍，农耕失利……只用人力代牛，甚至任令田地荒芜者有之，在此青黄不接者之候，困苦殊极。"①

杨少言《调查报告：高明县调查报告（廿五年四月）》（1937年）记："粮食以谷米为大宗，五六两区因常患水，有种无收，不敷之数，端赖其他各区供给，总计全县粮食除供自己消费外，每年出口约有三万余担。""物产状况，本县土质大部分为沙质土壤，硗瘠难耕，东部冲积土较肥，但多潦患，收成不定；年中以谷米为大宗出产……"②

吴兆湛《高明县蓆草案概况》（1938年）记："东南为冲积大平原，土地肥沃，人烟稠密，惟地势低洼，每当夏水，辄患水淹之虞，产物每每付之东流！迄今尚未根本解决，殊可惜也！""本县素称地广人稀，粮食充足，丰年足以自给，凶岁亦不患冻饥饿……"③

---

① 梁琴友. 调查报告：高明县调查报告书（民国二十四年六月）[J]. 统计月刊，1935，1（10）：64—67.
② 杨少言. 调查报告：高明县调查报告（廿五年四月）[J]. 统计月刊，1937，3（02）：48—51.
③ 吴兆湛. 高明县蓆草案概况 [J]. 农声，1938（220）：135.

图1-3 陈锦文《高明县粮食调查统计》（1941年）首页

陈锦文《高明县粮食调查统计》（1941年）记："全县耕地面积及其产额，全县耕地面积共二四二九一〇四四市亩（据本县税捐处统计），合一九二九六八排亩，双造面积约占耕地面积十份之七，即一三五〇七七排亩，每排亩产量平均以四担计算，可产谷五四〇三〇八担，其余因地势低洼，夏秋间潦水为患，不能施种晚造，每年只收单造，其面积约占十分之三，即五七八九一排亩，每排亩产量平均以二担计可产谷——五〇七八二担，合计全县年产谷共六五六〇九〇担……"①

曾显法《高明县第二区社会经济概况》（1944 年）记："本区以谷米为最大宗，年产不下数十万担，足可自给。但邻县米商常到此采购，故米价之波动颇大。"②

图 1-4　区级代表性传承人陈建宁寻找用于制作

濑粉的晚稻（陈建宁　供图）

中华人民共和国成立后，高明地区的水稻种植面积、水稻产量逐步

---

① 陈锦文. 高明县粮食调查统计［J］. 广东农业通讯，1941，2（2-3）：32.

② 曾显法. 高明县第二区社会经济概况［J］. 农货消息半月刊，1944，8（12）：10.

增加。1949 年，高明水稻播种面积有 28.98 万亩（1 亩约为 666.67 平方米），总产 4.62 万吨，亩产 188 公斤。土地改革后的 1953 年，全县水稻播种面积增加到 55.19 万亩，但因抗灾能力有限，耕作粗放，年亩产仅有 225 公斤。至 1988 年，稻谷总产量 12.04 万吨，比 1949 年增长 1.6 倍，比 1981 年增长 14.45%，粮食实现自给自足。到 2011 年，水稻成为高明地区种植面积最大的粮食作物，并且常年稳定在 10 万亩左右，种植结构大都为两季水稻连作。品种以杂交粤晶丝苗、玉香油占等为主，亩平均产量 350—400 公斤，商品率 10% 以上①。所产稻米不仅作为口粮解决了民众的吃饭问题，也是区内种田农民的主要收入来源。

过去高明地区的农业生产处于自然状态，经济发展缓慢，农民生活贫困，常年以甘薯、杂粮为主食，只有过新年、喜庆时节才将白米做成濑粉食用。每年秋收后，人们会留存一些粮食，储藏起来以防饥荒，还将部分粮食磨成米粉晒干，留待制作濑粉。如今，稻米产销早已高度市场化，用以制作濑粉的稻米不再像过去那样缺乏了。濑粉不再是年节时的稀罕食品，而成为随时可以食用的主食和小吃。

高明地处经济较为发达的广佛都市圈，就业方式多元化，村民收入来源主要有工厂务工、农产品（蔬菜、花卉等经济作物）出售、农地外包及村集体分红等。人口方面，各村庄的共同点是大量村民外出务工，外出务工人员多为青壮年，村里留守人员以老年人为主。大部分本地青壮年村民很少甚至不再从事农耕生产，农地集中成片外包已成常态，成为农村家庭的稳定收入来源之一。部分本地老一辈村民还在耕作土地、种植水稻的，其目的已发生改变，主要是自给自足或生活消遣。值得注意的是，即便社会变迁加剧，濑粉始终是流行于高明城乡的美

---

① 高明县地方志编纂委员会．高明县志［M］．广州：广东人民出版社，1995：196—197.

食，有少量村民为了留存高明濑粉的地道风味，会专门辟出水田种植晚稻，产出地道的晚造稻米制作高明濑粉。

第三节 相关传说

作为高明地区民众物质活动和文化传递的有效载体，濑粉在满足人们基本饮食需要的同时，向钟情于它的人们传递历史和文化信息，极大地满足人们的心理和精神需求。濑粉尤其能体现高明这片区域的风俗人情以及人们的生活习惯，关于濑粉的叙事向来流布甚广。高明濑粉的历史文化叙事主要涉及有关濑粉的渊源、流布、故事、传说以及相关的习俗、节庆等内容。在高明民间，至少存在六个版本关于濑粉的传说故事。

第一个版本的传说：高明濑粉起源于秦朝，距今已有两千多年的历史，出土文物中最原始的濑粉压榨机，就是秦时的农具"耒"。秦始皇嬴政为了统一中国，派五十万大军征战南越，为解决南越山区粮食供应困难的问题，秦军伙夫根据瑶族饸饹面的制作方法，开创了濑粉。后来为解决将士水土不服的问题，用当地的草药制成防疫汤药，由于战事紧张，将士们经常将濑粉、汤药放在一起，久而久之，就形成了高明濑粉的雏形。

如何看待这个版本的传说？其实，西汉以前，黄河下游及长江流域的中国人只掌握了谷物脱壳技术，东汉圆磨与绢罗过滤技术的出现①，

---

① 中国社会科学院考古研究所，河北省文物管理处. 满城汉墓发掘报告［M］. 北京：文物出版社，1980：143；赵荣光. 中国饮食文化史［M］. 上海：上海人民出版社，2006：227—228.

以及谷物粉化及细化工艺的诞生，才促推条索状米粉正式被端上百姓餐桌。而且秦汉时期，地处边疆的广东虽已被纳入王朝国家版图，但仍是"荒蛮烟瘴"的化外之地。据明万历《肇庆府志·卷8·地理志二》记载："白鹿台，在（高明）县南五里上仓步都，相传赵佗畋猎获白鹿于此，故名。"① 从南越王赵佗在高明地区猎获白鹿的传说可见，秦汉时期的高明一带属于尚未开发的蛮荒之地。在秦始皇征岭南的过程中不大可能产生濑粉。但"濑粉秦朝论"在民间广为流传，有其复杂原因。第一，这一说法把高明乃至岭南的历史与中原王朝更紧密地连接了起来。自古以来，岭南地区被认为是"南蛮之地"，秦始皇平定岭南，设置南海、桂林、象郡以后，将岭南纳入中原王朝版图。自此，中原汉族开始迁徙岭南，与百越杂居、混居，共同开发经营岭南，是南北各民族大规模交往交流交融的开始。第二，这一说法反映了中原汉族与南方百越民族饮食文化的融合，是南北文化兼容的重要载体和象征，代表了民族团结的力量。秦始皇征服岭南，大量的北方将士、工匠、民工等迁来，自然也将他们的风俗习惯带到了岭南，同时受到岭南文化的熏陶，其中就包括饮食文化。北方种麦，可以制成"面"，但南方适合种植水稻，于是一种模仿北方面条（当时叫"汤饼"）的新食物——各式米粉及濑粉诞生了。第三，这一说法抒发了中国人的乡愁情怀，北方将士为什么非要把大米磨成粉制成糊糊状，然后再按照老家面条模样制成米粉，皆因为吃不惯南方的大米饭，加上连年征战在外，不免思乡心切，吃一口不是面条但状如面条的家乡美食，能大大缓解思乡之苦，这是离家在外的戍边将士和游子的普遍情感，也是凝聚力的重要表现。第四，这一说法足够古老而久远，足以展开具有历史价值和地方特色的文化渲

---

① 肇庆府志［M］. 北京：国家图书馆出版社，2011：64.

14

染，达到引人入胜的传播效果。越是古老的传说越能激发人们怀古幽思之情，将濑粉的起源追溯到秦朝南征时期，表明高明濑粉具有深厚的历史渊源和文化底蕴。

第二个版本的传说：濑粉的制作工艺是由善种水稻的古代高明瑶人传给汉人的。明成化十一年（1475 年）高明建县时，现今高明一带，瑶汉混居，交流更为紧密。濑粉的制作工艺，是当时的汉人从瑶人处学来的。依照这个传说，高明濑粉的历史比据说始创于 1850 年的中山濑粉还要早。

这个传说尚未触及濑粉的渊源问题。瑶族是中国南方一个比较典型的山地民族，其村落大多位于高山密林中，一般建在山顶、半山腰和山脚溪畔。明代，高明境内已存瑶峒。明黄佐《广东通志·卷六十七》载："肇、高、雷、廉，带山险阻，以千百计，而瑶贼巢伏其中。"由明至清，高明县的瑶民逐渐增加，"瑶山所无者，惟高明"。另据明末清初人顾祖禹所撰《读史方舆纪要·卷一百零一》载："老香山，县西北六十里，多产香木，瑶人结巢其上。"明末，高明一带瑶汉混居确为事实。据传，高明区明城镇泰康山顶上为瑶族古山寨遗址，半山腰的门楼上写有"古山寨"三字，正门的碑记上如此叙述：山寨占地面积约 1800 平方米，始建于明末，当时居住了 60 多户近 200 人，共聚居 30—50 年，废弃于清初。不过，该处是否确为瑶人遗址有待详考。更重要的是，居住山区的瑶族有冷食习惯，其食品的制作都考虑便于携带和储存，故主食、副食兼备的粽粑、竹筒饭等食品较为常见。过年制作、食用粿条，是保留至今的一个瑶族习俗。粿条以糯米、糖、芝麻、油为原料，经过十几道工序，最后油炸而成。粿条与濑粉在制作材料、方法等方面差异甚大，属于两种不同形态、风格的食物。基于此，从历史和现实角度审视，濑粉这种即做即食的湿米粉不大可能更早被瑶族人所习得，然后再传给当地汉人。将高明濑粉归源于瑶人所传的传说，虽然不合逻辑，但在本质上反映了中华各民族同甘共苦、相互支持的朴素情感。

第三个版本的传说：大约在 1550 年（明嘉靖年间），高明合水某村接到有官员来视察的通知，要求村庄为到来官员准备午饭。村里收到指令，便安排几个厨师，隔日到集市购买食材回来。为确保万无一失，这几个厨师当晚还要住在祠堂看管好食物。到了半夜，几个厨师感觉肚子饿，望着眼前那么多的食物，认为吃少些也不会被发觉，因此，一起动手开吃，结果越吃越多，到最后大家都饱了！才发现食物已所余不多，不足以招待明天的官员，如果怪罪下来是要受到重重责罚的。那么，如何是好？饭菜都不够，看着这些剩下的米、冷饭和菜汁，几个厨师越想越害怕。大家想方设法，考虑如何应付明天的大餐。有人提出：用剩下的大米与吃剩的冷饭混合在一起，制作成粉。无计可施的厨师们，也只能大胆一搏了。大家连夜将米和剩饭捣成粉，将粉用水搅成糊状，慢慢放入到差不多煮沸的水里面，捞起再放，如此反复将粉煮熟成大小不一的丝。然后将鸡蛋、猪肉、头菜等等切成丝，与吃剩的菜肉炒在一起，做到物尽其用和增加数量感。但问题还是解决不了，鸡都被吃完了，剩下鸡骨，那怎么办？到时无鸡可吃，还不是会被发现？聪明的厨师们就将剩下来的鸡骨放入一锅水里煮煲成汤。一切准备好了，就坐等开饭了。视察完后，官员们来到祠堂入席，厨师们端上菜丝放在桌子上，又为每人端上一碗用鸡骨汤打底的粉丝，官员们第一次吃着这些肉丝、姜丝混在一起的水粉，连称好味（方言，美味）。之后几年，只要有空，官员们就都跑来这个村子，要求品尝这样的美味。如此这般，高明濑粉就盛传各地，游客纷至，给村庄带来可观的收入。

第四个版本的传说：明嘉靖年间范洲西村（今高明区西北部）人

谭玉奭，法号"木戚"，学道于武当山。范洲的老人家说，谭真人庙以前除了有谭木戚神像之外，还有令板、铜铃等法器。而且在范洲，处处留有谭真人故事的遗迹，较为盛行的是他为更楼乡民作法做粉度荒年。有一年，高明更楼一带粮食失收，到了腊月年关，不少人家已无粮过年。谭玉奭小时候人称神童，曾上武当山学道，练得一身法术，时常施展小技，扶困济贫，为群众做了许多好事。他得知更楼乡亲年关缺粮，决定一试身手为乡民解难。于是到大年三十的清早，玉奭便作起法来。他的法术果然奏效，只见更楼受灾的乡亲，家家的灶头都有了一锅热气腾腾的粉条，又圆又长的粉条散发着米香。于是乡亲们高高兴兴地过了个饱年。后来有人用铁筛打了一些小孔，米浆可通过小孔均匀地漏到沸水中，故称为濑粉。

第五个版本的传说：相传在明朝时，高明更楼的陀程村有个叫黎十万的人，他和谭玉奭（谭真人）、麦彩兰一起到武当山学法。在武当山，黎十万学到了不少本事，可偏偏师父没教他怎么变钱，所以回到家后还是两手空空。山野小村落没什么奇怪事发生，他这个道士也就始终没什么用武之地。村里的一些三姑六婆便对他学法一事议论纷纷，并表示了极大的怀疑："十万叔会法术，我家的灶口都会调转方向了。"黎十万听到后只能暗暗叫苦。最惨的是连他最亲密的老婆都加入了怀疑的行列，皆因老公从未变给她半点金银，更别说什么珠宝了。有一年，年底了，村里家家户户都忙着做濑粉准备过大年，黎十万却没什么动静，还是在那悠哉游哉闲游。家里连下锅的米都早没了，更别说要准备做濑粉，他的老婆气得指着黎十万的鼻子骂道："人家过年家家都舂米准备做濑粉，我们家连米都没了，你还有心思闲逛？"黎十万慢条斯理地说："不要急，我们家明天也能吃濑粉。明天你准备好一个大盘子来装濑粉，我包你放开肚皮都吃不完！"老婆以为黎十万说胡话，"哼"了一声走开了。黎十万心想发威的时候到了，看那些三姑六婆还有什么话说。当天夜里，他作起法术把全村的灶口都调转了。第二天早晨，隔壁的三姑和媳妇起来准备烧水做濑粉，正当她们想拨灶生火时，哎呀！怪事啊！那灶没灶口了。三姑以为自己没睡醒，叫过媳妇围着炉灶转了几圈，才确定炉灶真的没了灶口。三姑急了，灶口呢？难道飞了？连忙向左邻右舍打听想问问是怎么回事，没料到村里家家户户都碰上了这样的怪事。正当大家急得团团转时，突然有人想起了黎十万学过法术。于是，大家急忙跑到黎十万家："十万叔，我家灶口都调转了，怎么办啊？你快想想办法吧！"黎十万装出惊讶的表情："不是吧？这么奇怪？可能是你们看花眼了，大家都回去再看看。"听这一说，大家都没办法，只好各自回家。但回家一看，咦，奇怪了，炉灶口都回归原位了。这下全村轰动啦：十万叔真的有本事啊！更为奇怪的是，经过这事，那天家家户户做出来的濑粉又长又好，胜过以前千百倍。于是村里的人都说，不知哪方神圣封了大家的灶口，黎十万帮他们重新打通了。于是家家户户都给黎十万家端来一碗濑粉表示报答。由于太多，黎十万家的盘子都装不下了，他老婆更是笑逐颜开。从此以后，每到大年三十，村里的三姑六婆都会早早起来守着自己家里的灶口。这事一传十，十传百，其他村子的村民都在大年三十做起濑粉来，但始终要数更楼、合水的濑粉做得最好，可能是因为黎十万帮他们打通了灶口的缘故吧。再后来，因为濑粉实在太好吃了，而一年才有一个除夕，不能解馋，所以村民们干脆不管什么节日都要吃吃濑粉，直至流传到今天。但那濑粉的滋味千百年来始终没变——好吃得不得了，不到三碗停不了口！[①]"黎十万调灶"的传说至今在高明乡间流传。

---

① 吴海华．濑粉的传说［EB/OL］．佛山市高明区档案馆，2009－08－20. http：//www.gaoming.gov.cn/gzjg/xzgllsydw/qdaj/dsfz/content/plst_110260.html

第六个版本的传说：据高明区首批区级非遗代表性项目（高明濑粉节）代表性传承人陈建宁口述，根据旧时合水陈氏宗亲族谱记载，相传陈秀是包拯当时出任端州（今肇庆）知府家的一位厨工，陈秀见包拯吃不惯米饭，食欲不佳，就想出了一个办法，把米做成米粉条，做好以后，包拯食欲大好，便随口说了一句："陈总厨，今天我能够吃饱饭，全赖有你啊！吃了这样的饭让我想起了家乡的面条。"陈秀听后很受启发，因为做米粉离不开水，于是将赖字加了水旁，遂将自家米粉称为"濑粉"。后陈秀迁居高明合水，有一年恰逢大旱，农作物失收，他将家中储藏的稻米磨成粉，制作成濑粉再分派给乡民，受到欢迎。后来，当地相互效仿这种制作方法，吃濑粉也成为一种民间习俗。

传说在口耳相传的过程中既有传承又有变异，以古老的传说佐证饮食民俗的起源问题确是一个较为普遍的现象。因为传说作为历史叙事的方式之一，也会透露传说背后的社会心理，体现另一种形式的真实。日本民俗学家柳田国男说："传说是架通历史与文学的桥梁……传说的一端，有时非常接近于历史，甚至界限模糊难以分辨；而其另一端又与文学相近，有时简直像要融于其中。"① 传说的产生，源于人们对历史事实的未知，在根本上归因于直接文献证据的缺失。就高明地区而言，明代及之前的历史文献少之又少，至今流传的说法，即使在资料中也以"相传"等字样出现。正如乾隆十八年（1753 年）佛山人李绍祖在为乾隆版《佛山忠义乡志》撰写的序言中所说的，纂修乡志"所难有三，所不易者有四"，理由是"溯吾乡自明代以前，版籍无征，碑碣失考，则稽核难。即访之各族子姓，而家乘所垂，不能无鲁鱼亥豕，即父老所述，亦不免传闻异词，则征信难"。与此相似，清康熙《高明县志》等

---

① ［日］柳田国男 . 传说论 ［M］. 连湘，译 . 北京：中国民间文艺出版社，1985：30—31.

方志文献中并无关于濑粉的直接记载。尽管如此，仍可以扩宽视野，依托相关史志文献追踪有关高明濑粉的蛛丝马迹，连缀涉及高明濑粉渊源的历史脉络和时空节点。

第四节　濑粉追踪

濑粉是条索状米粉之一，并且是一种即做即食的条索状湿米粉。考察濑粉之源，须从追溯米粉之源开始①。

米粉是以大米为原材料，磨成粉，和成团，经压榨成条索状后迅速落入滚水锅中熟化成型的"粉"类食品。此类食品遍布于中国南方各省及中南半岛诸国。各地称谓有别，江西、湖北、湖南、广西、贵州等地称"米粉"，云南称"米线"，广东、海南、福建及江西部分地区称"濑粉""粉干""捞化""粿条""水粉"等，浙江称"索粉""凉粉"等。条索状米粉据形态可分为切面为长方形的切粉类，如河粉、扁粉、切粉；切面为圆形的窄粉类，如米线、桂林米粉、圆粉、濑粉等；切面为卷筒形的米粉，如卷（筒）粉、肠粉等。按品相又有干、湿米粉之分。不论如何划分，濑粉都是米粉家族中的重要一员。

一、米粉的渊源

根据国学大师钱钟书（1910—1998 年）考证，东汉时期，中国已经出现了名为"糒"的大米再加工食品。他在《管锥编》全晋文卷中对西晋两位文学家描写食品"饼"的文章分析考据，梳理出早期米粉

---

① 林志捷．论中国米粉起源于江西［J］．地方文化研究，2021，9（02）：83—106.

发展的历史脉络，"束皙作《饼赋》，庾阐作《恶饼赋》，'王孙骇叹于曳绪，束子赋弱于春绵''弱如春绵，白如秋练'，上句未识何出，卷四六傅玄《七谟》则固云：'乃有三牲之和羹，蕝宾之时面，忽游水而长引，进飞羽之薄衍，细如蜀玺之绪，靡如鲁缟之线'"①。至于"饼"是否为面食，"汤饼"是否为面条，历代颇有争议。钱钟书列举了宋代江西崇仁人吴曾（1162 年前后在世）《能改斋漫录·卷一五》谓"乃知煮面之为'汤饼'，无可疑者"；清代安徽人俞正燮《癸巳存稿》谓"乃今之挖玑汤或片儿汤"。② 据此，他认为"然'汤饼'乃'饼'之一种，束所赋初不止此"。束皙所作《饼赋》中所称的"饼"，并不是面条，而是类似清代的"挖玑汤或片儿汤"（猫耳朵或面片）的食品。依照文中"白如秋练"，"忽游水而长引……细如蜀玺之绪，靡如鲁缟之线"等涉及色彩、样形的描述来看，更像后世的米粉。

于是，钱钟书梳理了史上关于米粉的历史文献。楼钥《攻媿集·卷四·陈表道惠米缆》："平生所嗜惟汤饼，下箸辄空真隽永；年来风痹忌触口，厌闻'来力敕正整'。江西谁将米作缆，卷送银丝光可鉴。……如来螺髻一毛拔，卷然如罛都人发，新弦未上尚盘盘，独茧长缲犹轧轧。……束皙一赋不及此，为君却作补亡诗。"则今之所谓"米线"，南宋时江西土产最著。高似孙《纬略·卷四》："服虔《通俗》曰，煮米为糁，江西有所谓'米缆'，岂此类也。"陈造《江湖长翁集·卷九·徐南卿招饭》："江西米缆丝作窝。"又《陈造集·卷六·旅馆三适》诗有《序》云，"予以病愈不食面，此所嗜也，以米缆代之"，诗第一首云"粉之且缕缕，一缕百尺强"；与楼诗言风痹戒面食而喜得米缆，互相印可。来人每忌面毒，观周密《癸辛杂识·前集·荬》条可想。

---

① 钱钟书. 管锥编·卷三 ［M］. 北京：生活·读书·新知三联书店，2001：541.
② 钱钟书. 管锥编·卷三 ［M］. 北京：生活·读书·新知三联书店，2001：541.

王羲之《杂帖》："自食谷，小有肌肉，气力不胜；去月来，停谷瞰面，复平平耳。"又有"少嗽脯，又时瞰面，亦不以佳"，则晋人尚无此禁忌，似以面之益人为胜于米也。束皙所言"汤饼"，米缆既后起而齐驱①。

在全面梳理米粉与面食的发展历史后，钱钟书对晋、宋两代人对面食是否营养健康的态度进行了分析——宋人认为面食有"面毒"，而晋人非但无此禁忌，似乎还认为面食比米食更有益。于是，钱钟书最终将晋代的"饼"归类于面食，后来与米粉（缆）并驾齐驱。但他依据服虔的《通俗》强调，米粉（缆）并非是宋以后才产生的，在早于晋代的汉时已经有了，时称"糇"。

服虔，字子慎，东汉荥阳人，曾任九江太守等职，至少于初平三年（192年）之时，尚在人世。《通俗文》的问世，开了字书中俗字派的先河，其记载了当时流行的条索状米制品的名称"糇"，并提及"煮米为'糇'"，意即这种食品需要热加工后才能成形。宋以后，"糇"字简化为"索"。今有学者依此认为，中国米粉起源于江西，并不晚于元至正年间（1341—1370年）传入广西桂林②。

有关线条状米粉的记载也见于《食次》一书，该书约成于南北朝或更早时期，有学者认为是《隋书·经籍志》中所录《食馔次第法》的简称。《食次》原书不存，其中关于线条状米粉的记载被《齐民要术》收录。

据《齐民要术·饼法第八十二》记载："《食次》曰：'粲'，一名'乱积'。用秫稻米，绢罗之。蜜和水，水蜜中半，以和米屑。厚薄令竹杓中下，先试，不下，更与水蜜。作竹杓：容一升许，其下节，概作

---

① 钱钟书. 管锥编·卷三［M］. 北京：生活·读书·新知三联书店，2001：542.
② 林志捷. 论中国米粉起源于江西［J］. 地方文化研究，2021，9（02）：83—106.

孔。竹杓中下沥五升铛里，膏脂煮之。熟，三分之一铛，中也。"① 竹杓为一种粗竹筒且竹筒的竹节底部钻有小孔，让稀米粉糊漏过；"膏脂"是指动物油脂，"膏油煮之"实即用膏油炸之，说明"粲"（或"乱积"）是一种油炸的米线类食品。米粉糊通过"竹杓"的小孔筛漏成条状，落入烧沸的油销中，炸后便缠绕在一起。为满足这一制作过程，与水和蜜拌合的米较为稀薄。《说文解字注》指出："稻粟二十斗为米十斗，今目验犹然，其米甚粗……而春为六斗大半斗则曰'粲'……至于粲皆精之至矣。"② 当时"粲"由上等精致的白米制成，属于口味稍甜的一种点心。

对于线条状米粉的制作过程，《齐民要术·饼法第八十二》进行了详细描述："如环饼面，先刚溲，以手痛揉，令极软熟，更以臛汁溲，令极泽铄铄然。割取牛角，似匙面大，钻作六七小孔，仅容粗麻线。若作'水引'形者，更割牛角，开四五孔，仅容韭叶。取新帛细绸两段，各方尺半，依角大小，凿去中央，缀角着绸。以钻钻之，密缀勿令漏粉。用讫，洗，举，得二十年用。裹盛溲粉，敛四角，临沸汤上搦出，熟煮。臛浇。若着酪中及胡麻饮中者，真类玉色，积积着牙，与好面不殊，一名'搦饼'。着酪中者，直用白汤溲之，不须肉汁。"③ 此处提到，将调和适度的米粉灌入钻有六七个小孔的牛角中，使之漏入开水锅中煮熟而成，食用时浇肉汁。显然，工序中运用牛角筛漏粉浆以便成型，是线条状米粉所独有的工艺。据《隋书》记载："饮食多酥酪沙糖

① （后魏）贾思勰. 齐民要术校释（第二版）［M］. 缪启愉校释. 北京：中国农业出版社，1998：632—633.
② （汉）许慎. 说文解字注［M］. 段玉裁，注. 郑州：中州古籍出版社，2006：331.
③ （后魏）贾思勰. 齐民要术校释（第二版）［M］. 缪启愉校释. 北京：中国农业出版社，1998：635—636.

秔粟米饼，欲食之时先取杂肉羹与饼相和，手擩而食。"① "饼"一直是麦面类食品的总称，线条状米粉因原料为稻米而制作方法与面条相似，故也被称为"粉饼"。

通过考察《齐民要术》和《隋书》中关于米粉食用方法的记载，可以发现魏晋和隋唐时期的线条状米粉通常是浇拌肉汁或肉酱后食用的，当时米粉的食用方法与肉汁面或炸酱面相似。无论是在食用方法还是在制作工艺上，米粉仍与面条亦步亦趋，尚未形成现代的风味。

宋元时期，随着海陆交通的进一步发展，遍及海内外的商业网络逐步构建，供商旅们长途贩运的便利食品逐渐增多，并且开启了商品化的进程。线条状米粉在宋代得到了很大发展，它当时的称谓为"米缆"，意指能做得像缆绳一样长。南宋文学家楼钥《陈表道惠米缆》诗曰："江西谁将米作缆，卷送银丝光可鉴。仙禾为饼亚来牟，细剪暴干供健啗……新弦未上尚盘盘，独茧长缫犹轧轧……"② 可见，宋时江西的"米缆"已经可以做得细白而又光洁无比了。这一时期，线条状米粉也有直接称为"粉"的。南宋另一文人陈造有《旅馆三适》诗曰："粉之且缕缕，一缕百尺强。匀细茧吐绪，洁润鹅截肪。吴侬方法殊，楚产可倚墙。嗟此玉食品，纳我蔬蓛肠。七筯动辄空，滑腻仍甘芳。岂惟仆餐饵，政复奴桃榔，即今弗洎感，颇思奉君王。"③ 可见，当时线条状米粉无论是在品质还是在口味上，都已经达到相当水准，成为被诗词家吟咏的一道美食。

在元代，线条状米粉被称为"漏粉"。元曲《薛仁贵荣归故里》第三折："正值着日暖风微，一家家上坟准备。准备些节下茶食，菜馒

① （唐）魏徵. 隋书［M］. 北京：中华书局，1973：1836.
② （清）郭麟. 灵芬馆诗话［M］. 台北：新文丰出版公司，1987：347.
③ （清）吴之振. 宋诗抄［M］. 北京：中华书局，1986：1183.

头，瓢漏粉，鸡豚狗彘。"① 此处的"漏粉"属线条状米粉，已被用作寒食节的祭品。

明清时期，线条状米粉也被称为"米糷"，在民间广受欢迎。明人宋诩在其饮食专著《竹屿山房杂部》一书中称，"米糷，音烂，谢叠山云：'米线'"。该书"粉食制"一节专门介绍了米粉的制作与食用方法："秔米（今作'粳米'）甚洁，碓晒绝细粉汤溲稍坚，置锅中煮熟。杂生粉少半，擀使开，薄折切细条，暴燥。入肥汁中煮，以胡椒、施椒、酱油、葱调和。"《竹屿山房杂部》被称为明代的"饮食大全"，这段记载实际上包含了干米粉和湿米粉的两种做法：一种是生、熟两种稻米粉末糅合，擀成细条，晒干后成了干米粉，食用时放入肉汁里煮，并加入胡椒、施椒等调味；另一种是稻米粉末直接掺和米浆成浓稠的糊状，揉成索粉状，入汤煮熟捞起食用。当时米粉放入多种调料，口感稍辣。

需要提及的是，北魏时期"米粉"作为名词已经产生，不过当时指的是化妆品。如，《齐民要术·种红蓝花、栀子第五十二》曰："作米粉法：粱米第一，粟米第二。……及作香粉以供妆摩身体。"② 唐颜师古注："粉，谓铅粉及米粉，皆以傅面取光洁也。"③ 作为条索状米制品的"米粉"一词最早形成文字刊印面世，见于明嘉靖九年（1555年）广西学政黄佐在桂林刊印的《泰泉乡礼》，该书对组织聚会祭祖仪式的规范有记载："孟月朔具果酒三行，饭食一会。余月则去酒果。或直设饭，或米粉面食亦可。"意即，每闰月不备酒和水果，直接吃饭或

---

① （明）臧晋叔.元曲选［M］.北京：中华书局，1986：325.
② （后魏）贾思勰.齐民要术校释（第二版）［M］.缪启愉校释.北京：中国农业出版社，1998：371—372.
③ 容志毅.中国炼丹术考略［M］.上海：上海三联书店，1998：124.

者吃米粉、面食便可以。清代乾隆年间,《泰泉乡礼》被收入《四库全书》。刊印于明嘉靖十年(1556年)的《广西通志》在《饮馔属》篇录入面条、粽子、米粉等广西地方小吃,米粉自此载入地方志书。

二、高明濑粉的产生

早在唐代,广州地区就出现了一种名为"米饼"的米制食品。唐人段公路在《北户录》一书中提到"广州俗尚米饼,合生熟粉为之","规白可爱,薄而复明",号称"食品中珍物";并提及刘孝威谢官,得"赐交州米饼四百屈","详其言,屈岂今之数乎!"① 显然,此时米制品的制作工艺在岭南地区已较为成熟,成为颇具特色的上等物产,因而被当作赏赐品。一次就赏四百个单位,可见容易保存,极有可能当时人们已经掌握了米制品晒干贮藏的方法。不过,从"薄而复明"四个字来看,此处的"米饼"应为一种米粉制的饼,而非线条状米粉。

如前所述,因制作方法与面条相似,原料为稻米的线条状米粉也被称为"粉饼"。明末地理学家徐霞客的《徐霞客游记·粤西游日记二》记曰:"竟不买米,俱市粉饼食。"② 至迟到明末,米粉在粤西地区已较为流行。至清代,线条状米粉进一步成为粤中地区百姓家庭的节令食品。清康熙《增城县志·卷一·舆地》"岁时"条载:"元日,祀祖祀神,亲友交贺,酌栢酒,烧爆竹,妇女以粉果相馈。"③ 另据清康熙《东莞县志·卷二·风俗》载:"上元夜,张灯设乐,宴会演剧,为鞭

① (唐)段公路.北户录[M].北京:中华书局,1985:27.
② (明)徐霞客.徐霞客游记[M].北京:中华书局,2015:2332.
③ (清)蔡淑修,陈辉璧.增城县志[M]//作者不详.中国地方志集成.南京:江苏古籍出版社,2013:32.

轆（秋千）之戏，妇女交馈粉九，名曰结缘，其夕，迎紫姑神以卜。"① 作为一种仪式性的节令食物，米粉有规律地出现在带有共同感的仪式活动中，表征着粤地民众的生活观念和精神世界。

宋元至明初，高明地区一直是高要县的一部分，隶属肇庆（端州）管辖，在明朝初期的洪武年间称为高要县高明镇。明成化十一年（1474年），高明镇从高要县分割出来，设立高明县，隶属肇庆府管辖。清道光《高要县志·卷四·舆地略二》记载："元日，礼神贺节，罗设果、酒、粉、饵，送香于坛庙。"② 高要区域有着吃"粉"的习惯，高明地区曾隶属高要，很大可能也保留了这种习俗。如果说《高要县志》的记录只是一种间接记录，那么清光绪《高明县志》的记载更为直接："冬至，食鱼脍，压阳气，是日，舂粉及米，经年不蛀。"③ 又载："除夕，贴门神、红纸钱，具香烛酒馔，奉先祖及各庙社，曰'分岁'。家家用米粉作条，宰牲飨神，合老少畅饮，谓之'团年'。"④ 这两段记录十分清晰。其中"舂粉及米"意味着，在冬至日制备濑粉所需的米粉是一种历史沉淀的地方习惯；而"家家用米粉作条"表明，濑粉制作在高明非常普遍，除夕"飨神""团年"等词语则体现了濑粉依托特定时间的民俗文化功能。当然不能就此认定高明濑粉仅产生于清光绪年间。

---

① （清）东莞县志［M］//广东省地方史志办公室. 广东历代方志集成·广州府部. 广州：岭南美术出版社，2007：420.
② （清）夏修恕，屠英修，何元，等. 高要县志［M］//作者不详. 中国方志丛书. 台湾：成文出版社有限公司，1967：41.
③ （清）邹兆麟，蔡逢恩. 高明县志［M］//作者不详. 中国方志丛书. 台湾：成文出版社有限公司，1974：107.
④ （清）邹兆麟，蔡逢恩. 高明县志［M］//作者不详. 台湾：成文出版社有限公司，1974：108.

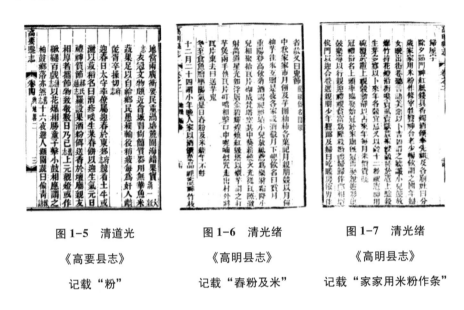

图 1-5　清道光　　　　图 1-6　清光绪　　　　图 1-7　清光绪

《高要县志》　　　　　《高明县志》　　　　　《高明县志》

记载"粉"　　　　　　记载"春粉及米"　　　　记载"家家用米粉作条"

注：谢中元根据原电子版文献截图

　　缺乏更早时期直接的史志文献证据，导致难以查实地方饮食民俗个案的绝对起源，是饮食民俗研究中较为普遍的现象。那么对于饮食传统起源问题的认知，究竟怎样处理才能抵达相对的真实？让·皮亚杰（Jean Piaget）认为："从研究起源引出来的重要教训是从来就没有什么绝对的开端。换言之，我们或者必须说，每一件事情，包括现代科学最新理论的建立在内，都有一个起源的问题或者必须说这样一些起源是无限地往回延伸的，因为一些最原始的阶段本身也总是以多少属于机体发生的一些阶段为其先导的。"① 高明濑粉经历了漫长而复杂的发展过程，难以确定绝对的起源。这样的话就不能机械地考察高明濑粉的起源，而应该在长时段的视野中将高明濑粉的出现阐述为"一个相当长的发生过程，而不应理解为在某一时间'呼然一声出现'的瞬间突变"②。

　　① 皮亚杰. 发生认识论原理［M］. 王宪细，译. 北京：商务印书馆，1985：17.
　　② 俞建章，叶舒宪. 符号：语言与艺术［M］. 上海：上海人民出版社，1996：37.

　　结合前文所述，东汉服虔的《通俗》显示，汉代江西九江已有米粉。明嘉靖九年（1530年）黄佐的《泰泉乡礼》首次记录了桂林的条索状"米粉"。明末地理学家徐霞客《徐霞客游记·粤西游日记二》则记录了粤西地区的"粉饼"。粤中地区关于米粉的记载，则先后频频出现于清康熙《增城县志》、清康熙《东莞县志》、清道光《高要县志》、清光绪《高明县志》等志书当中。不妨进行推断，至迟自明末以来，高明濑粉的制作及食用习俗一直延续至今。

　　中华人民共和国成立前，濑粉并非高明民众的日常食物，只是用以赠礼和应节的节庆食品。据1995年《高明县志》载："中华人民共和国成立前，围田地区中等以下人家仅能日吃一粥一饭，人和镇以上丘陵地区还须搀入杂粮。普遍以咸鱼、冲菜、青菜和泡菜为送菜，围田地区还有自制的咸虾、干鱼等，鲜鱼、肉及禽蛋不易吃得上，只有在节日或喜筵中加菜，并制作一些传统小吃以应节……在传统节日中，本县农家多自制备一些传统小吃以应节或互赠亲友。较普遍的有濑粉——以大米粉制成线条状的粉条，配以汤水及姜、葱、酪菜、鲜肉、蛋皮丝或炸花生、芝麻佐食。"[①] 只有在中华人民共和国成立后，特别是自20世纪80年代以来，濑粉才逐渐成为高明地区民众的日常主食及特色小吃。

---

　① 高明县地方志编纂委员会. 高明县志 [M]. 广州：广东人民出版社，1995：699.

第二章

高明濑粉价值

岭南饮食文化是中华优秀传统文化的重要组成部分。以濑粉为代表的高明饮食文化具有独特魅力，在佛山乃至岭南地区都占有一席之地。在漫长的历史进程中，由于地理、气候、物产、人情、文化等方面的影响，高明区域民众以濑粉为载体，在濑粉制作、食俗、节庆、文旅等方面形成了彰显区域个性的饮食文化风格。在国家和地方实施非遗保护以后，以高明濑粉为要素的民俗和传统技艺得以进入区、市级非遗代表性项目名录。2008年，高明濑粉节入选高明区首批区级非遗代表性项目名录（民俗类别），2009年又入选佛山市第二批市级非遗代表性项目名录（民俗类别）；2021年，高明濑粉制作技艺入选高明区第三批区级非遗代表性项目名录（传统技艺类别）。

2003年联合国教科文组织《保护非物质文化遗产公约》对非遗是如此定义的："'非物质文化遗产'是指被各群体、团体、有时为个人视为其文化遗产的各种实践、表演、表现形式、知识和技能及其有关的工具、实物、工艺品和文化场所。各个群体和团体随着其所处环境、与自然界的相互关系和历史条件的变化不断使这种代代相传的非物质文化遗产得到创新，同时使他们自己具有一种认同感和历史感，从而促进了文化多样性和人类的创造力。"① 该表述中优先指涉的"各种实践、表演、表现形式、知识和技能"是作为文化遗产的无形文化表现形态，"工具、实物、工艺品和文化场所"则是无形文化表现形态的生成依托和存续载体。高明濑粉兼具技艺意义上的无形性、产品维度上的有形性。

在被赋予文化遗产属性之前，高明濑粉已在漫长的生活积淀中呈现了商业属性和商品形态，被授予名特优产品等称号。按季鸿崑所提示的，"非物质文化遗产不等于'中华老字号'，饮食领域内的非物质文化遗产不等于名菜名点，非物质文化遗产不等于食品行业中的名特优产品，饮食礼俗是重要的非物质文化遗产"②。诚如斯言，作为非遗的高明濑粉具备丰富的价值内涵，显示着价值维度的多样化和地方性。

第一节　生活价值

就覆盖区域而言，稻米是中国乃至东亚、东南亚地区共同的主食原料。稻米制品在南北区域具有强大的适应性和接受度。据1931年陆精治《中国民食论》载："淀粉中有甘薯粉、马铃薯粉、米粉、麦粉、豆粉、高粱粉、玉蜀黍粉、葛粉、藕粉、山芋粉、马蹄粉等，以米、麦、豆三种淀粉为多，其他较少。此项淀粉用以制造线粉者不少，线粉之上品者以米麦三种粉制成，其下等者则以马铃薯、高粱粉为主，而稍加豆粉焉，芝罘为制造斯业。国内之需要颇大，为重要副食品之一，每年制

---

① 保护非物质文化遗产公约 [EB/OL]. 联合国教科文组织网站，2003-10-17.
② 季鸿崑. 食在中国：中国人饮食生活大视野 [M]. 济南：山东画报出版社，2008：46—48.

造线粉之数量，在两千余万担。"① 可见，米粉作为餐桌上的主食之一，历来受到百姓欢迎。

在消费需求趋势上，以稻米为原料的米制品相较于面制品，食性偏凉，热量更低，较符合现代人所追求的健康理念。因此，濑粉的传承和传播，更多基于这种食物的口味习性和民众对稻米需求的文化习惯。高明及周边相邻地区有着悠久的稻米生产、加工、食用的历史，这种食物选择的相近性，不仅带来了文化交流上的亲近感，而且为米制品的发展创造了广阔空间。濑粉作为高明地区的特色饮食文化，"嵌入"民众日常生活，正是高明地区饮食习惯的一个缩影，充分体现着饮食文化的地方性和包容性。

一、高明濑粉承载丰富的地方性饮食知识，映射高明地区民众的饮食结构

高明濑粉作为历史悠久的条索状湿米粉之一，是在外来米粉制法和吃法基础上所创造的一种特色湿米粉。民众在传承和创新高明地区传统烹饪方式的过程中，形成了有关濑粉的地方性知识体系。在高明濑粉制作中，突出对水和生熟粉比例的精细控制，对火候和水温等细节的巧妙把握，对濑粉器具的灵活驾驭，按口味配制不同样式的高汤和荤素配料。而广东省其他地方基于口味习惯，也逐步形成了各具地域特色的濑粉技艺和风味，如广州西关、东莞厚街、中山三乡等地濑粉就各有其独特性。一方面，濑粉作为饱腹食物存续于高明地区民众的一日三餐当中，快捷性和便利性使其作为早餐具有优选潜质。搭配的灵活性和营养

---

① 陆精治. 中国民食论 [M]. 上海：启智书局，1931：275.

图 2-1　制作乡村濑粉（高明区融媒体中心　供图）

的丰富性，使其可作为午、晚的正餐又具有吃法上的多样性，濑粉也可充当佐餐或过嘴瘾的小吃和夜宵；另一方面，濑粉作为彰显高明特色的食物常出现在重要招待、节庆或礼俗活动中。如，"1944 年九十月间，在小洞成立高明县二区人民行政委员会，有几百名代表参加庆祝大会，黎丽英、阮香等发动妇女献出米粉、柴草，通宵达旦制濑粉招待代表"①。除此之外，濑粉还作为婚宴必备食物，用以彰显婚礼的传统特色和人情味，唤起民众的婚俗文化认同感。而在一些大型节庆活动中，人们常以"濑粉宴"等形式激发八方来客的食欲和外界目光的关注。

二、高明濑粉体现民众稳定和多样的烹制方式和口味习惯

千百年来，人们食不厌精、脍不厌细，采用的食材愈发丰富，烹饪

①　中共高明市委党史研究室．高明党史资料·第二辑［G］．佛山：中共高明市委党史研究室，2001.

的技艺也趋于精湛。高明濑粉主料、配料的多种搭配，映射着本地、外地饮食风味的交流、互动与调适，体现了包容性、变化性和适应性。传统地道的高明濑粉由手工制作而成，以汤食濑粉为主，也包含捞喜、干炒、凉拌等吃法。一般以蛋丝、鱼肉丝、牛腩、半肥瘦肉丝、鱼饼条、南乳五花肉、头菜丝、榨菜丝、香芝麻、葱粒、花生米、姜丝等为配料，可选择性之多，令人眼花缭乱、大快朵颐。在更合，濑粉因为要配姜、葱、蒜、猪肉、蛋丝、鱼饼丝、头菜丝、油炸花生米等八种配料，而被称为"八宝濑粉"。除了制作精细以外，尤其注重汤底，即用猪骨、猪肝或老鸡熬成的浓汤为汤底。讲究些的，会选用猪骨、瑶柱等熬汤，在部分农村还有用鹅汤做汤底的，大概熬上一个半小时便大功告成。

图 2-2　高明乡村濑粉店制作的　　　　图 2-3　高明乡村濑粉店制作的

　　瘦肉濑粉（谢中元　摄）　　　　　　什锦濑粉（谢中元　摄）

　　随着地方口味的融合与变迁，高明濑粉也不断渗入新元素，出现了什锦濑粉、烧鹅濑粉、咸鸡濑粉、猪手濑粉、牛扒濑粉等。在配料、调料方面，更是接纳外地风味并与之融合，鱼松、咸酸浸辣椒、豉油浸指天椒等食材的加入，使濑粉的味道层次更加丰富，受到年轻人的欢迎。

濑粉的包容式拓展和多元化创造，体现了高明地区开放兼容的城市文化气质，也滋育着高明濑粉文化不断守正创新。

图 2-4 上善濑粉店备用的濑粉配料（谢中元 摄）

三、高明濑粉维系着一份熟人社会的生活交往和情感联结

对于高明地区的民众来说，濑粉不仅是一种日常食物，与之相关的制作、提供和食用更是一种表达热情好客和社会礼仪的方式。濑粉特有的口感、粉香和热情之意，一同构成高明濑粉的文化底蕴。高明农村有这样一个习俗，每逢除夕过年等重大节日或喜庆的日子，主人家都要请亲戚朋友来家里吃一顿濑粉。家中来客时，主人要在客人面前准备濑粉，并把第一碗濑粉奉给尊贵或年长的客人。秀丽河沿岸的村民每年端午举办游龙盛会，都会将濑粉作为对扒丁们的最高犒赏。

在高明镇街的大街小巷，细心寻找可以发现，里面隐藏着各种各样的濑粉店。有的店铺，它们没有高调的门面，位置偏僻，不认识的人几乎找不着，却一直有很多熟客和慕名而来的外地食客。在口耳相传的口碑作用下，一些小店逐渐成为老店、名店，沉淀出广传远播的品牌效应。有些濑粉店面积不大，全靠店主一人制作、售卖濑粉，然而一开就

图 2-5 亲友共享濑粉（盈香生态园 供图）

是十年、二十年甚至三十多年。有些濑粉店几经搬迁，老顾客仍然闻讯而来，每日光顾。在当地人看来，濑粉不只是一份食物，更是一种难以割舍的熟悉和联系，代表着邻里、主顾之间的往来和情感。濑粉既丰富又简单，丰俭由人，每个人都能找到自己的位置，没有人因吃濑粉感到自卑或高贵，各类人都能通过濑粉获得食欲满足与社会存在感。对于人皆熟知的濑粉，本地人只要吃上一口，就能分辨出濑粉品质的高下。

灯火喧嚣、人流密集的荷城街道文明路上，分布着各种服装店、奶茶店和大型商场，甘伯贤的濑粉店就隐藏在不起眼的百卉街。由于风雨侵蚀，面向小巷的濑粉店招牌早已褪色。据甘伯贤介绍，1990 年他从建筑行业转行，在家人协助下开了一家小吃店，后来逐渐只制作售卖濑粉，是高明最早的一批濑粉店之一。他从不知道怎样揉米粉开始，跟着母亲学习技艺，不断尝试、改良，摸索积累了一套娴熟的濑粉制作经验。每天早上五点半开始制作濑粉，六点多就能让食客吃到濑粉，年复一年，日日如此。做了太久也曾懈怠，有一次休息没做濑粉，他就让厨房工人完成工序，结果一个老顾客吃了第一口粉就喊了一句"这碗濑粉不是老板做的"。甘伯贤对此事感触颇深，"街坊熟客都是吃自己的手艺，自己不动手，店就做不下去了"。从此，他除了因病休假，天天亲自动手做濑粉①。位于杨和镇人顺路的环姐濑粉店从 2008 年开业至今，每天凌晨四点多，厨房里就传来猪蹄汤的清香，店主已开始忙碌着准备濑粉和配料。位于更合镇富民街的大众濑粉店，是仅有一个卡位的店铺，每日却迎来不少客人一尝牛腩濑粉。明城镇的坚一濑粉店，坚持选用乡下稻米打粉，做出的濑粉软滑细长、米香浓郁，受到熟客追捧。

濑粉之于高明当地人，可谓一份蓼蒿之味、莼鲈之思。2020 年春季，驰援湖北防疫的不少医护人员回到故乡的第一件事，就是想吃一口家里做的濑粉。2020 年 3 月 23 日下午，高明区第二批援鄂医疗队 20 名医护人员乘机返回佛山，高明区新市医院主管护师杨涓面对媒体说道："休养结束后我最想陪陪家里人，一起吃高明濑粉。"② 这种发自内心的声音，体现高明人对濑粉滋味的迷恋，恰是濑粉文化对作为个体的高明人进行浸染、洗礼的结果。她们所惦记的濑粉，其实是家的味道、乡土的情怀。

第二节 文化价值

大米制品类非遗项目作为稻作文化代表，与中国传承悠久、分布广泛的稻作文化圈密切相关。在中国"南稻北面"的饮食地理划分中，

---

① 27 年只为做一碗更好吃的濑粉——高明甘伯贤专注为街坊做实惠美味的濑粉［N］.佛山日报，2016-08-12（D03）.
② 陈嘉懿，陈志业.高明第二批援鄂医疗队平安归来"想和家人一起吃濑粉"［N］.佛山日报，2020-03-24（C01）.

稻作文化圈具有全球影响力。在已公布的中国重要农业文化遗产名录中，稻鱼共生、稻作梯田、垛田等以稻米生产为核心的农业系统是主要项目。而且，在入选全球重要农业文化遗产名录的 15 个中国项目中，稻作农业系统就有 6 个。高明濑粉作为典型的稻米制品，在农耕文化传承、饮食非遗保护、饮食文化的地域认同和集体记忆及其未来发展空间方面，具有独特的代表性意义。

一、高明濑粉制作与食用方式，彰显了饮食文化在横向空间上所体现的农耕文化多样性和丰富性

中国稻作系统的农业文化遗产主要集中在江浙、滇黔桂以及湘鄂赣粤等地。在多民族融合、地理地形复杂、气候立体的地方，水稻的种植更能充分休现农业文化和生物的多样性、人与自然的和谐发展以及各民族的团结勤劳和智慧。历经各民族驯化和培育的稻米，除主要以煮、蒸等方式烹制成米饭作为日常生活主食外，更在不同地区、不同民族被制成了各类食物。

高明濑粉这种米制食品极具地方特色，在民众生活中不断演化、不断被赋予特殊意义，既是对农耕文明的另一种延续，又是对稻米饮食文化内涵的地域性彰显。其制备过程复杂而精细，主要步骤包括：准备濑粉材料（选米，浸米，煲饭，磨粉，晒粉，筛粉，储藏）；"开粉"，即将研磨晾晒好的粘米粉加入开水中不断揉搓搅拌；装上容器"试浆""濑粉""过冷河"；制备配料、汤料以及制作食用濑粉。制作技艺的烦琐流程，折射了高明濑粉的传统技艺文化价值。从高明濑粉制作技艺衍生的城乡民众的身份认同与时代精神，建构了有关高明濑粉的文化叙事，而从城乡互动到共同富裕背景的高明濑粉发展历程，亦阐释了高明濑粉生活与产业的文化底色。

二、高明濑粉蕴含着稻作文化圈传统的农业祭祀文化

稻米极具象征价值，最早以祭祀方式出现在国家叙事之中，是很多祭祀祖先或神灵的宗教仪式中的主要"牺牲"之一。从3000多年前的商周开始，历代帝王每年都要祭社稷。"社"的本意是"土神"，"稷"则为"谷神"。至宋朝，中国经济重心转移到了长江流域，水稻成为当时全国产量最大的粮食作物。"民以食为天"，至此，稻米与中国社会的民生息息相关，并常常以祭祀之物出现在民间叙事中。献给神灵的祭品必须是新米，因为人们信仰水稻之神。罗伯逊·史密斯（Robertson Smith）认为动物牺牲构成了神与人之间的交流，谷物祭品则是送给神灵的贡品①。高明地区就曾留存这种祭祀之俗，清光绪《高明县志》载："除夕，贴门神、红纸钱，……农家浸谷种于灶上，验谷生芽多寡，以卜来年各谷宜忌，又以谷十二粒祝灶神，用碗覆于灶上，视谷动静，以占来年每月米价贵贱。"② 历史上的高明地区以水稻种植为主业，水稻作为当地民众饮食生活的主角，发挥着不可或缺的愿望寄托作用。

除了稻米，作为稻米制品的濑粉也被用以"礼神贺节"。清道光《高要县志·卷四·舆地略二》记载："元日，礼神贺节，罗设果、酒、粉、饵，送香于坛庙。"③ 包括高明在内的高要区域有着以"粉"等食品来"礼神贺节"的习俗，"粉"在此不是纯粹的果腹之物，而是农业祭祀文化的一个重要载体。清光绪《高明县志》载："除夕，贴门神、

---

① Smith W. R. *The Religion of the Semites*：*the Fundamental Institutions*［M］. London：A. & C. Black，1956：269.

② （清）邹兆麟，蔡逢恩. 高明县志［M］//作者不详. 中国方志丛书. 台北：成文出版社，1974：108.

③ （清）夏修恕，屠英，何元，等. 高要县志［M］//作者不详. 中国方志丛书. 台北：成文出版社，1967：41.

红纸钱，具香烛酒馔，奉先祖及各庙社，曰'分岁'。家家用米粉作条，宰牲飨神，合老少畅饮，谓之'团年'。"①"家家用米粉作条"表明，濑粉是高明民众在除夕用以"飨神""团年"等节俗仪式活动的特色食物。其实在濑粉的分布地增城，也存在此类习俗。清康熙《增城县志·卷一·舆地》"岁时"条载："元日，祀祖祀神，亲友交贺，酌柏酒，烧爆竹，妇女以粉果相馈。"② 作为一种仪式性的节令食物，濑粉有规律地嵌入带有共同感的仪式活动中，表征着一方民众的生活观念和精神世界。

如今，基于高明濑粉食俗整合打造而成的"高明濑粉节"，已成为政府、媒体、商业、民众等主体共同参与的大型节庆活动，以劳作成果、共享濑粉来表达祈福情愫，祈求风调雨顺，包含着中华传统文化中的祈愿心理和感恩取向。在高明更合，濑粉因为要配以姜、葱、蒜、猪肉、蛋丝、鱼饼丝、头菜丝、油炸花生米等八种配料，而被称为"八宝濑粉"。八种配料各取"好意头"，分别是翠意绵绵（葱）、将心比心（姜）、如意算盘（蒜）、妙笔生花（花生）、万事如意（头菜丝）、今生今世（蛋丝）、如鱼得水（煎鱼饼）、珠圆玉润（猪肉），寓意金玉满堂、地久天长，这突出了濑粉的祈福文化内涵。

三、高明濑粉不只是一种单纯的食物，更是广泛流传于高明地区的民间饮食习俗

在 20 世纪 80 年代以前，高明整体上还处于欠发展状态。濑粉是喜

---

① （清）邹兆麟，蔡逢恩. 高明县志［M］//作者不详. 中国方志丛书. 台北：成文出版社，1974：108.

② （清）蔡淑，陈辉璧. 增城县志［M］//作者不详. 中国地方志集成. 南京：江苏古籍出版社，2013：32.

庆热闹的代名词，当时算得上是粮食中的珍品。那时许多农户一般会在粮食丰收后，把自家的一部分口粮留下来杵成粉，然后晒上七天，储藏封存好。等到过年过节、贺寿或结婚喜庆的日子，才将它取出做成濑粉。长长的濑粉，寓意长长久久、源源不断、丰衣足食、美满幸福。每年大年三十清早，家家户户男女老少一起动手做濑粉，中午人人同吃濑粉。濑粉还是中秋节的应节食物之一，如 2008 年《高明市三洲区志》所述："农历八月十五日中秋节，为本区盛行的传统节日。不论城市、乡村均欢度此节日。1950—1980 年，农村过此节日大多是中午濑粉或松糕、芋团，晚餐杀鸡杀鸭。"① 此外，高明区百姓家庭嫁女，多在中午吃濑粉，这与佛山市内其他地区的百姓家庭常用嫁女饼有所不同。在高明城乡，流传着"中午吃濑粉就是喝喜酒"的说法。当然，在不同的镇街区域会有少许差异。比如，荷城街道（包括富湾、西安、河江等片区）百姓家里摆喜酒吃濑粉，会在席上配花生、蛋丝、头菜、瘦肉、沙姜等佐料。合水镇的濑粉拌上粉葛、猪骨、胡萝卜、玉米汤上席，桌上摆一碗（村祠堂饭堂的海碗）姜丝和炒花生。一般村里摆喜酒会以猪骨现熬高汤，设生葱拌酱油（高明海天酱油）、蛋丝、青菜炒猪肉、头菜等配料，经济稍宽裕的会供应切片的烧肉、鱼柳、牛肉等。

濑粉承载着高明人的文化象征与生活实践，与民众的习惯、风俗、信仰等联系起来，成为高明重要的文化载体。大贯惠美子（Emiko Ohnuki-Tierney）考察了日本各种作物起源的神话，认为稻米是从腹部这个灵魂、胎儿所居住的身体最重要的器官里出来的②。如今，日本在

---

① 佛山市高明区史志办公室. 高明市三洲区志［G］. 佛山：佛山市高明区史志办公室，2008.
② ［美］大贯惠美子. 作为自我的稻米［M］. 石峰，译. 杭州：浙江大学出版社，2015：59—60.

图 2-6　高明区更合镇布社新村黎伯明结婚摆酒，中午吃濑粉

（黎文东　供图）

稻米文化的基础上发展出了享誉世界的寿司饮食，其中醋饭是最核心的部分。醋饭被认为是尊贵的圣物，制作时要求不粘手、不掉饭粒。与此相似，高明人因地制宜地发展出了丰富立体的濑粉饮食文化体系。在制作工艺上讲究即做即食、韧滑清淡；高汤和配料是濑粉的"灵魂"，许多老字号濑粉店使用祖传的熬制方法，各有诀窍，各显特色。这不仅仅是米粉与配料、佐料之间的一种融合，更是食物与民众健康之间的适应与和谐。

四、高明濑粉制作技艺与食俗所具备的活态性，保证它能不断地被再创造，为地方民众提供认同感和持续感

　　食物不仅是生物性的食物，还是族群性的食物、宗教性的食物和社会性的食物。"食物及饮食习性可作为一特定族群表达或认可其独特性的文化标记。"① 在一定条件下，食物具有区隔自我与"他者"、界定族群边界的属性和功能，成为联系身体与精神的文化载体，具有强大的文化寓意和象征意义。作为食物的濑粉，在高明区域内外交往、交流、交融过程中扮演了一个积极的角色。通过仪式或日常社会行为的再生产，濑粉这个普通的食物完成了区域边界的界定。

图 2-7　老姐妹聚会的午餐是高明濑粉（高明区档案馆　供图）

濑粉作为日常主食之一，仅在特定的场合才是神圣的，而在更多的日常生活场景中越来越成为高明人的饮食文化符号。克洛德·列维-斯特劳斯（Claude Levi-Strauss）发展了詹姆斯·弗雷泽（James Fraser）关于民间信仰的研究，在其基础上提出了人类心灵两个重要的概念原

---

① 林淑蓉. 食物、味觉与身体感：感知中国人的社会世界［M］//余舜德. 体物入微：物与身体感的研究. 新竹：台湾清华大学出版社，2010：277.

则：接触和相似①。据此原则，高明人在每日三餐的不断重复中完成了
濑粉作为整体的隐喻，本地、外地人则在濑粉的消费中形塑族群的饮食
文化边界。一方面，饮食是一种每日重复的日常实践，其重要性常常被
忽略。正如德国谚语所言，"人如其食"。张光直也说："到达一个文化
的核心的最好办法之一，就是通过它的肠胃。"② 在高明，作为社会群
体成员的个人在一日三餐中不断让濑粉成为身体习惯的对象，从而实现
濑粉与个人、社会的连接。另一方面，各种围绕濑粉的共餐场景不断重
现，老人们早起相约一碗老友濑粉，年轻人排队前往网红濑粉店，濑粉
甚至成为接待宴席中的特色美食。通过这些重复的饮食场景，濑粉成为
这个时代高明人的集体饮食实践，助推达成"我们"之间的无形连接
以及"我们"与"他们"的边界确认。

　　高明濑粉借助社区代代相续的创造、延续和传承，始终处于活态演
进的过程。这种流动与变化使其不能被固定在某一物质载体上。要将来
自大自然的稻谷等原材料变为入口的高明濑粉，人们需要进行耕种、插
秧、收割、脱粒、筛选、磨粉、制作、享用等一系列活动，也由此产生
了事关濑粉的各种民众实践、观念表述、表现形式、知识、技能以及相
关的工具、实物和特定场所等。"人们选择食物是因为他们看中了食物
所负载的信息而非他们含有的热量和蛋白质。一切文化都无意识地传递
着在食物媒介和制作食物的方式中译成密码的信息。"③ 无论是高明濑
粉代际传承带来知识、技能和意义的传递，还是分布在高明城乡不同地

---

① ［法］列维-斯特劳斯. 野性的思维［M］. 李幼蒸，译. 北京：商务印书馆，1987：
　 39—43.
② 张光直. 中国文化中的饮食：人类学与历史学的透视［M］//尤金·N. 安德森. 中
　 国食物. 南京：江苏人民出版社，2003：250.
③ ［美］马文·哈里斯. 文化唯物主义［M］. 张海洋，王宴萍，译. 北京：华夏出版
　 社，1989：218.

方民众在适应周围环境以及与自然、历史的互动中的多样化濑粉制作实践，都使高明濑粉显现了活态性，保证它能够不断地被再创造，为地方民众提供认同感和持续感。濑粉已是高明人日常生活中不可缺少的食物，不仅供应着人们生物性的身体，也塑造着人们文化性的身体。

图 2-8　联结乡情的濑粉宴（盈香生态园　供图）

在高明区，来自不同地方、有着不同习俗的人们通过濑粉这根纽带，促进交流，加深了解，增进感情。这对于深化地方认同以及构建中华民族共同体意识具有春风化雨、润物无声的效果。特别是离乡的游子，不论漂泊多远，都难以忘记那春盘蓼蒿、秋风莼鲈一般的滋味。1985 年 8 月 13 日，在广州华侨补校参加夏令营活动的日本华侨大学生谭庆生在老师的陪同下，专门回到明城镇南街村寻根问祖，堂姑妈一家特意请他们中午吃濑粉。正如 1992 年梁少香的《西安濑粉 风味独特》所述："每当高明县西安镇旅外乡亲组团回乡观光时，西安镇的乡亲总是用家乡的传统的濑粉款待海外游子。濑粉以其爽滑、可口、味美而令海外游子赞不绝口。"① 2017年10月，明城镇濠基村旅居马来西亚华侨谭国鸿带领儿子，首次回家寻根问祖。80岁高龄的谭国鸿是马来西亚当地一名退休的老校长，其父辈早已移居马来西亚，后因父亲去世，谭国鸿一直没有回过濠基村，对家乡具体位置、亲人、发展情况等更是一片空白。濠基村村民听闻旅马来西亚华侨谭国鸿即将回国的消息后纷纷回乡，在村中巷道贴上华侨回家寻根的消息，燃放鞭炮，设好丰盛的濑粉宴，用家乡美食唤醒马来西亚华侨的记忆②。可以说，故土之思为游子的"酒是故乡浓"情结打开了一层柔光滤镜，濑粉正是一解绵绵乡愁的美食媒介。

第三节　经济价值

濑粉作为饮食不仅具有"嵌入"生活的自在性，而且因为消费和生产的天生经济冲动，必然有"嵌入"市场的自为性。在城镇化进程中，随着社会的发展和生产方式的改变，"嵌入"经济活动的濑粉必然会随之变化，以新的方式和姿态进行再"嵌入"。

一、濑粉的形制和主辅料的多种搭配，伴随着生计方式的改变、生产力的提高日益多样化

伴随着技术水平的革新，高明濑粉从最初的手工濑粉发展至机器加工的濑粉，也从即做即食的鲜湿濑粉发展为便于存储保存、跨地销售的濑粉干，推动了大米加工业的发展。2016年9月29日上午，高明（盈

---

① 梁少香. 西安濑粉 风味独特［N］. 佛山日报，1992-11-03（A02）.
② 华侨寻根问祖村民濑粉款待［EB/OL］. 佛山市高明区政府，2018-12-02.

香）第十届万人濑粉节在盈香生态园内开幕，主办方创新推出盈香濑粉干，让濑粉突破地域的限制，成为可以打包带走的手信。高明区首批区级非遗代表性项目（高明濑粉节）代表性传承人陈建宁，自小在母亲的教导下熟练掌握濑粉制作工艺，近年来研制出"粉葛濑粉干"。2019年6月，他在高明三洲创办工厂，批量生产粉葛濑粉干，不断开发濑粉新产品，延长濑粉产业链，所生产的濑粉干成了高明特色手信之一。

二、交通便捷带来的食材跨区域，逐步推进濑粉文化呈现载体——餐店的流动

高明濑粉饮食业不断发展，不仅打破了以前的封闭格局，实现了地方物产和他地物产的自由流通和灵活选择，而且随着食材的外流带来濑粉的流动，进而影响着濑粉主辅料食材的处理和加工方式，丰富着濑粉的品种，并逐步推进濑粉文化呈现载体——餐店的流动。为了实现食材、食物、餐店的流动，必然又带动农业生产以及农副产品的发展。除基本的葱、姜、蒜、酱、醋等调味料外，濑粉配料中还大量使用地方特色食材和加工食品，如生菜、头菜丝、蛋丝、鱼肉丝、半肥瘦肉丝、牛腩、烧鹅、咸鸡、鱼饼条、南乳五花肉、酸豆角等。有的地方还根据当地饮食习惯和物产特色，为濑粉量身定制各式配料，实现了濑粉与农副产品更大限度地结合。比如，高明盈香生态园特意推出了花香濑粉、玫瑰肉酱濑粉、清香菊花濑粉等，这些融合健康养生理念的新式濑粉丰富了外界对高明濑粉的认知。

在情怀和经济的双重驱动下，不仅高明本地有经验的男性积极开设濑粉店，成为媒体报道的男性"濑粉西施"，一些外地人以及外来务工人员也被高明濑粉的特色魅力所吸引，选择入行开店营业。例如，家乡

图 2-9　杨和镇街边濑粉店（谢中元　摄）

在河源的中年男子詹某明，曾一直在西樵山上开小吃店，有一次参加美食节被濑粉的鲜香所打动，又目睹了濑粉摊受欢迎的盛况，于是下决心拜师学艺，出师后在西樵山一个村落开设濑粉小吃店。他坚持用石磨磨制粉浆，采用高明濑粉的传统制作方法，吸引了大量游客光顾。此外，佛山老城区也已出现濑粉店，如禅城区燎原路有一间名为"高明濑粉第一家"的濑粉店，禅城区松风路仿古街有一家"乡味濑粉"店。这些经营濑粉的食坊门店如同星星之火，将濑粉文化传播至高明区外，助力高明打造濑粉特色品牌。

三、在市场经济推动下，濑粉的制作售卖方式逐步走向连锁化、规模化和产业化

　　早在 20 世纪 80 年代中期，中山濑粉就已通过质检，成为广东省出口米粉五大王牌之一。如 1985 年《佛山报》所载："中山濑粉通过鉴定中山濑粉最近经佛山市质检所检验，符合省口岸米制品质量管理试行办法标准。该产品是我省出口米粉五大王牌之一，产品远销美国、法国、加拿大、澳洲、新西兰、新加坡、马来西亚等十多个国家和港澳地区，出口量为二百四十七吨。"① 高明濑粉也不逊色，逐渐从高明民众解决生计、增加收入的手段，变成了推动地方经济发展的产业，使得原有以家庭或家族为纽带的小作坊式生产模式逐步向标准化、现代化的管理模式转变。如，1989 年《高明县水利志》载："深埗水水库工程管理处开办了一间米排粉加工厂，月产 4000 公斤米濑粉供应市场，解决了管理处 8 个职工家属就业。"② 一些曾经的濑粉门店、作坊或食铺也逐步走上外向型发展之路，成为行业发展的佼佼者。1991 年正式开业的江南濑粉店，借助高明弘扬濑粉文化的市场化动力，实现了在高明、南海等区域的连锁经营，已开设包括高明区荷城文华路文华总店、荷城街道泰和路泰和分店、荷城街道跃华路跃华分店、高明区文明路分店、南海区西樵镇江浦西路西樵分店五家店。江南濑粉店纯手工艺制作出品的特色濑粉品种多样，有招牌什锦、牛腩濑粉、猪手濑粉、半肥瘦猪肉濑粉、鱼松濑粉等，搭配泡青椒、酱油辣椒等丰富配料和火候十足的筒骨高汤，不断吸引、聚集越来越多的濑粉食客。

高明濑粉裹挟着百姓求财问富的民间叙事，其产业振兴的背后验证了人类学长期以来的一个观察：与当地文化和地方性知识相匹配的经济产业往往能够得到很好的发展。在一项对全球 68 个村发展计划进行比较的研究之中，契合当地文化的经济发展计划的成功率是不契合当地文

① 李文宇.中山濑粉通过鉴定［N］.佛山报，1985-05-22（03）.
② 高明县水利电力局，高明县志总编辑室.高明县水利志［G］.佛山：高明县志部编辑室，1989：142.

图 2-10　高明区万人濑粉节局部场景（高明区档案馆　供图）

化的两倍①。地方非遗是在历史发展中形成的，具有稳定性和独特性，将地方非遗与经济产业结合起来发展往往事半功倍。如传承人陈建宁开展了有效的探索和实践，他所创办的上善藏宝田餐饮有限公司制作的"九大簋"濑粉宴，于 2020 年入选佛山市粤菜名菜、名点品牌建设项目。这启示着，高明要发掘整合在漫长的历史中形成的濑粉传统文化，进一步创新创造、发展依托高明濑粉的特色文旅产业，这需借助生产、管理的现代化提升，将高明濑粉做强做大，使之成为更具知名度、美誉度的饮食文化品牌。

---

①　［美］康拉德·菲利普·科塔克. 文化人类学：欣赏文化差异［M］. 周云水，译. 北京：中国人民大学出版社，2012：94.

四、随着人们消费需求的不断变化升级，濑粉在满足人们饱腹需求的同时，其所蕴含的其他价值得到了最大挖掘

美食体验、文化消费等为濑粉赋予了食品之外的更多附加值。一方面，在旅游和文化创意产业的推动下，濑粉作为地方特色饮食成为高明吸引旅游者的重要旅游资源。其食用中"DIY"（自己动手）的过程和自助烹制技艺，都能给外来旅游者带来新鲜体验和乐趣。每年高明濑粉节的开幕式现场，高明盈香生态园内会支起一口直径三米的大锅，游客可以在师傅指导下学习濑粉制作技艺，甚至可以参与濑粉大胃王比赛等活动，这是濑粉节的重要吸引力。另一方面，消费濑粉文化成为比消费濑粉更为重要的诉求，濑粉只是一个经营载体，品牌的附加值更多体现在满足消费者对高明的文化消费和情怀消费的诉求上。

图 2-11 游客体验濑粉制作（盈香生态园 供图）

第三章

高明濑粉制作

第一节　必备材料

一、优质食材：晚造稻米

高明濑粉由稻米、熟米饭按比例配好磨粉后制作而成。稻分早稻和晚稻，高明地区均有种植。清康熙《高明县志·卷五·地理志》载："稻蚕晚早三种。又有尖鼻乌尻鹧鸪臀，又有大禾稻，须芒及寸，种莒中，与水俱长，茎丈余，正月布谷，九月乃登。"[①] 清道光《高明县志·卷二·地理》载："稻分秋冬二种。"[②] 一般而言，晚稻米是更适合制作濑粉的大米。这种米有种植时间长、黏性强等特点，制成的濑粉爽口

[①] （清）鲁杰，罗守昌．高明县志［M］．广东历代方志集成影印刻本．广州：岭南美术出版社，2009：76.

[②] （清）祝准，夏植亨．高明县志［M］．广东历代方志集成影印刻本．广州：岭南美术出版社，2009：54.

弹牙、韧滑耐嚼。晚稻米经过长周期的生长成熟，会积累足够的黏性，适合制作有韧性的濑粉。然而，太黏的粘米或许更适合做角仔之类的小吃，并不最适合制作高明濑粉。在粘米的 10 余个品种当中，青扬粘、泰山粘、汕粘、七季早等品种更适合制作濑粉。

最地道的高明濑粉必定要选用青扬矮品种——晚造合水黄谷米。黄谷米是下半年才种植的大米，种植时间超过四个月。黄谷米分两种，包括细（小）黄谷米和大黄谷米。

种植细黄谷，年年自行留种，这种米主要是保产量，亩产大约 800—1000 斤，产量颇高，饭质软香。细黄谷碾出来的米粒细长软滑、米香浓郁，是老鼠牙的形状，又称"鼠牙黏"。清光绪《高明县志·卷二·地理》载："鼠牙黏细如鼠牙，色味俱佳，以米启有黑点如蝇矢者为最。"① 这种米细如

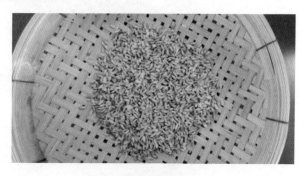

图 3-1　晚造合水黄谷

（谢中元　摄）

图 3-2　脱壳后的晚造合水黄谷米

（谢中元　摄）

① （清）邹兆麟，蔡逢恩．高明县志［M］//作者不详．中国方志丛书．台北：成文出版社，1974：118．

鼠牙，色味俱佳，特别适合用于煮饭。在高明更合镇的老香山脚下，就一直种植这种传统的水稻品种——自繁自育的黄谷米。由于老香山的土质、水质优越，这里种植的黄谷米米质晶莹，有股淡淡的香味。但这种香味又不像泰国香米的香味浓烈，煮起饭来较为吸水，口感不会偏软。

图3-3　用合水黄谷米磨制的米粉（谢中元　摄）

六月份插秧、十月份收割的大粒黄谷，生长周期长，碾出来的米肥短，淀粉含量高，颇具弹性，也可用于煮饭，但最适合拿来磨粉后制成濑粉。这种大黄谷米被称为"濑粉谷"，主要分布于更合镇一带，如香山、官山及布莲塘村、蛇塘村等地。当地村民说，只有这种米才能吃出高明老香山的味道。三天的曝晒加上干燥北风的吹拂，让谷粒自然干爽。手摇风柜，吹走稻谷中的草碎与谷瘪，再隔走沙石粒，便可用蛇皮袋装好收藏。老香山一带的村民历来用这种米制作濑粉，它亦是濑粉食客追捧的稻谷品种。

晚造合水大黄谷米之所以特别适合制成濑粉，在于直链淀粉含量高。已有研究表明①，大米表面绝大多数糠皮已经被碾除，主要成分是淀粉和蛋白质，以及少量的灰分、脂质等。其中淀粉含量为80%左右，主要为直链淀粉和支链淀粉，而直链淀粉含量是影响米粉硬度、黏性、弹性和韧性等质构特性的关键因素。直链淀粉含量高的大米，制成的米粉成品密度大、口感较硬，有助于减少蒸煮损失。直链淀粉含量低的大米，制作米粉时易导致并条且韧性差、易断条。直链淀粉含量受稻米品种的影响很大，籼米的直链淀粉含量较高，因此一般采用籼米作为原料生产米粉。周显青等以我国早籼稻湖北省和江西省两个主产区生产的40种早籼稻谷品种为原料，制成压榨型鲜湿米粉时发现，直链淀粉含量在22.24%—26.86%之间时米粉品质比较好。要得到优质成品，大米直链淀粉含量要在20%以上，最好是25%左右②。当然，晚造合水大黄谷米的直链淀粉准确含量有多少，还需专业人士进一步研究。

高明晚造水稻收成之际，农民总会将这种特产稻米另外收割、打包并封藏起来，用于制作濑粉。清光绪《高明县志·卷二·地理》载："冬至，食鱼脍，压阳气，是日，舂粉及米，经年不蛀。"③ 时至今日也是如此，每年11月后，朗锦村人会把新收获的晚稻晾晒，封入坛中储藏，以便杵粉做成濑粉。一年中的这一切辛劳，都是为了在嫁娶、升学、中秋或年夜的欢聚时刻能吃上一碗濑粉。依村里人的传说，自明代

---

① 苟青松、周梦舟、周坚、王展. 米粉专用米研究进展 [J]. 粮食与油脂，2018，31（09）：5.

② 周显青、彭超、张玉荣、郭利利、熊宁. 早籼稻的品质分析与其压榨型鲜湿米粉加工适应性 [J]. 食品科学，2018，39（19）：36—43.

③ （清）邹兆麟，蔡逢恩. 广东省高明县志 [M] //作者不详. 中国方志丛书. 台北：成文出版社，1974：107.

洪武年间，何氏先人从明城塘际迁居至此，濑粉就逐渐成为庆祝丰收与婚嫁节庆的必备美食。

用于制作高明濑粉的晚稻收割晾干后，为何要进行封装陈化？研究成果也已表明①，在选用米粉专用米时，一般不采用新鲜收获的大米作为生产原料。其原因除了陈年米价格相对便宜一些外，还有一个重要的原因就是新鲜大米做的米粉黏性过高、挤丝困难，粉条黏结严重，米粉容易断条、糊汤。而大米经过陈化后，其品质有一些改变，从而更适合制作米粉。稻谷陈化时间对米粉品质的影响。研究显示②，稻谷的陈化时间对米粉的质构特性存在一定的影响，用经储藏的稻谷制得的米粉硬度升高、黏性降低、咀嚼度升高。梁兰兰认为稻谷储存时间的延长可以改善米粉质构特性，表现在拉伸特性、抗剪切性能及弯曲特性有所提高；表面黏性、碎粉率、断条率、汤汁沉淀和吐浆量均呈现降低的趋势，从而适度降低了米粉的黏性，大米的陈化期在 15 个月左右时比较好③。可见，陈化的晚造稻米更适合用于制作高品质的高明濑粉，而其所需的陈化时间，往往以村民的经验判断作为依据。

二、特制工具：濑粉瓯

高明乡间祖传的陶制濑粉瓯有海碗大小，一斤重左右，一般以三孔、五孔濑粉瓯为主。孔越多，意味着濑粉瓯的体型更大，重量更重。老一辈的濑粉人操着这种濑粉瓯"过冷河"一晃就是一整天。后来随

---

① 荀青松，周梦舟，周坚，等. 米粉专用米研究进展 [J]. 粮食与油脂，2018，31（09）：5.

② Hormdok R., Noomhorm A. Hydrothermal treatments rice starch for improvement of rice noodle quality [J]. *LWT-Food Science and Technology*，2007，40（10）：1723—1731.

③ 梁兰兰. 稻谷储存时间及品种对米排粉品质影响机理研究 [D]. 广州：华南理工大学，2010.

着濑粉店的涌现，店家创制了轻便、铝材的七孔濑粉瓯，相比于三孔、五孔濑粉瓯的效率更高。

　　三孔、五孔和七孔的濑粉瓯是依据五行八卦中"阳"的概念而设计的。濑粉制作过程中，制作人需用手晃动有分量的濑粉瓯，所以濑粉对体能有着不小考验。至于濑粉瓯底部的孔洞数量是三个、七个还是五个，到底有什么寓意？古人对数字十分讲究，沿用《周易》所述的"阳卦奇，阴卦偶"，所以选择奇数做孔。这体现人们对美好生活的追求，以及对自然世界的敬畏。

　　中华古玩网上发布过一款广东特有民俗物品——清光绪石湾窑天蓝釉莲瓣纹三孔濑粉钵，高13.5cm，最大宽度20cm，最大口径17cm，底径12.6cm。此外，广东石湾陶瓷博物馆收藏有多款民国时期的三孔濑粉钵，主要包括：民国酱黄釉濑粉钵，长21cm，宽21cm，高15cm；民国石湾窑蓝釉濑粉钵，长20.5cm，宽20cm，高105cm；民国石湾窑酱釉陶濑粉钵，口径20cm，底径11cm，高15cm。

图3-4　民国石湾窑蓝釉濑粉钵（图左）民国石湾窑酱釉陶濑粉钵（图右）

（广东石湾陶瓷博物馆　供图）

图 3-5　高明区博物馆展出的陶制三孔濑粉器（谢中元　摄）

图 3-6　上善濑粉店收藏的七孔濑粉瓯（谢中元　摄）

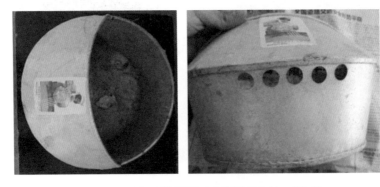

图 3-7　五孔铝制濑粉器（高明区档案馆　供图）

第二节　传统技艺

濑粉是基于"酹"的动作，将米粉从粉瓯底部的孔"酹"入开水中，从而熟化成条索状粉条。"酹"的发音与"濑"同音，"酹"粉的动作也有"漏"粉之义，当地土话以"漏"为"濑"，于是"濑粉"之称就这样产生了。据汉代许慎《说文解字·卷十一上·水部》对"濑"的解释："水流沙上也。从水，赖声。洛带切。"[①] 此后产生了"石濑兮浅浅"（《楚辞·九歌·湘君》）、"溪谷之深，流者安洋；浅多沙石，激扬为濑"（《论衡》）等词文名句。"濑"是一种形象的说法，体现了高明濑粉制作有别于其他米粉制作技艺的特殊性。

图3-8　濑粉师傅向游客展示"濑"的技艺（盈香生态园　供图）

---

① （汉）许慎. 说文解字校订本［M］. 班吉庆，王剑，王华宝，点校. 南京：凤凰出版社，2004：322.

在高明，濑粉的制作技艺并非不传之秘。1992年《佛山日报》所载《西安濑粉 风味独特》已报道："西安濑粉的制作不太困难。将大米磨成粉，把粉装入一个专为濑粉制作的粉壳里（通常粉壳有5~6个像筷子嘴大的洞），然后用开水搅拌，再将搅拌好的粉'濑'进沸腾的水里，大约几分钟后，即成濑粉。最后将濑粉捞起，放入冷水中漂一下，用筛子把它装起，待吃时再放进调味的开水或者熬制的汤里，拌以大头菜、姜丝、花生米、葱花等。随着人们的生活水平不断提高，濑粉的食法得到了进一步的改进，现在，很多人都喜欢用蛋丝、叉烧、烧鹅皮等调食，更是味美无比。"① 当然，将濑粉制作技艺"概念化"和将濑粉制作技艺"具身化"是两回事，说起来"不太困难"的濑粉制作其实包蕴着难以言传的经验、感悟和心得，这需要经由习得者的消化吸收，并通过日复一日的实践训练才能内化为依傍于身的制作能力。

一、高明濑粉制作技艺

家家户户的家庭主妇都可能对它有着独到心得，搓粉的力度、熬制的火候、佐料的搭配，更可衍生出无数种组合。要制作上好的濑粉，非常讲究流程和方法，没有三四个小时的工夫是不成的。高明濑粉老字号门店江南濑粉店创始人区合娥、上善濑粉工艺传承馆创始人之一伍锦强等资深濑粉师傅受访时，都现场演示了高明濑粉的传统制作技艺。现在其口述信息基础上，将具体步骤整理如下：

---

① 梁少香. 西安濑粉 风味独特 [N]. 佛山日报，1992-11-03（02）.

图 3-9　按比例调配生米和熟米，磨制、晾晒米粉（杨诗韵团队　摄）

第一步，准备濑粉材料。首先选用生长期为四个月以上的晚稻米，将米浸两个小时以上，浸泡好之后煲饭，再按 20 斤熟米饭配 100 斤生米的比例进行混合（旨在让濑粉顺滑不易断），一起研磨成粉。然后晾晒米粉，待晾透后用萝筛精筛米粉。经过筛子的过滤，落在瓦缸上的粘米粉细如精盐、白如象牙，伸手轻抓，只感到一层滑腻。最后，将粉封入密闭容器（如瓷坛）储藏。晒粉时晒得不够干或者太干，又或者掺入的熟米饭放多了或放少了，都会对濑粉的品质和口感产生影响，整个过程要凭经验判断。

第二步，"开粉"，即将研磨晾晒好的粘米粉加入开水中不断揉搓搅拌。据区合娥口述，做米浆用的开水以 80℃ 为最佳，水太热则不能把米浆的韧性发挥到极致。整个"开粉"过程全凭眼和手的感觉进行控制，所以要不断用手背试水温，并用小杯盛好开水，随即高频次不断加少许水，边搅边加。一手扶着瓦缸内壁，一手以掌根发力来搓面，反复用力揉搓米粉并按顺时针方向搅拌至顺滑糊状。在开水和揉压力量的作用下，米粉逐渐散发出四溢的香气，由散变黏，又逐渐由黏变稀，化作米浆。约 10 分钟后，粘米粉已经有了面团的雏形。然后，向米浆中淋入少许花生油，这种花生油是用经过 120 天日照成熟的自种花生磨成的，加入花生油不但会让米浆变得更加光滑鲜亮，而且会给米浆增加花生油独特的芳香。此时的面团仍是湿湿黏黏的，需要以掌根发力继续揉搓约20分钟。在这个过程中，多余的水分会被挤出、蒸发，花生油的芳香物质也将融入面团，面团渐渐发硬并变得富有韧性。舀起热水均匀地洒在面团上，外层的面团逐渐变软。这在传统工艺中被称为"焯熟"——外层的面团被沸水焯熟，同时辅之以轻柔细捏，如此反复几次，面团里里外外都被热水软化，变成奶油一样黏稠的面浆。这是粘米粉下锅前的一次质变。但检验质变是否成功，全靠师傅的经验和手感。首先，面团要渐次加热水，重新稀释成奶油一样的面浆；其次，这面浆和热水的勾兑比例只能靠师傅日积月累的经验，而面浆是否合格只能靠手感来感受，能用手抓起并拉出长而不断的丝状为"开粉"成功。春夏秋冬的水温不同以及揉搓米粉的力度、速度和时间长短，将决定最终的濑粉成品是否够筋道，是否有嚼劲。总之，越是用力搅拌粉，做出来的濑粉才越耐嚼。

第三步，装上容器，"试浆"。经过"搓"字诀的反复洗礼，原本合不拢的粘米粉，多了一份筋道，渐渐释放沉蕴已久的稻香。捞起一小段米浆，米浆在指间欲坠不坠、黏性十足。用勺子舀一舀粉糊，看它是否能形成长长、均匀的米线，当米浆可以拉出很长的拉丝时，便开始"试浆"。米浆从口阔底小的铝制濑粉瓯中流过，并随即从其七孔的底部漏出。即使是有数十年濑粉制作经验的师傅，试浆这一步也要反复小心试验，直到米浆在瓦盆里划出长长圆圆、连绵不断的粉线，才可以转入下一步"濑"的工序。

第四步，"濑粉"。用猛火烧好灶上水，使其欲沸而未沸，冒着虾眼大小的气泡，行话称为"虾眼水"。取出一个"濑粉壳"（口阔底小的陶制器皿，又称"粉瓯"）或铝制濑粉瓯。濑粉瓯一般呈不规则圆

图 3-10 将米浆搅拌至顺滑，能拉丝意味着"开粉"成功（杨诗韵团队 供图）

图 3-11 把米浆装进濑粉瓯，准备试浆（杨诗韵团队 供图）

形，一侧面有七个小孔（传统的濑粉瓯有三个或五个小孔），濑粉浆正是从瓯孔中"濑"出来的。将瓯挂上铁链，在灶台前单手持瓯，靠近水面不疾不徐、保持平衡地沿着顺时针方向一圈圈划着弧线。米浆在重力作用下从瓯孔的底部一圈一圈漏下，在锅中大圈套着小圈而不折断，很快凝结成粉条，形成歪歪扭扭的条状，沉入锅底又渐次浮出，自动翻转，最长的可达八九米。在锅中"濑"下一瓯米浆，待锅中濑粉成型后捞起放入冷水中，转身又盛满一瓯再"濑"。"濑"取义于"水从细沙上流过"这个动作，是制作高明濑粉的关键步骤之一。"濑"字诀看似简单，却很考验师傅的功夫，尤其考验濑粉师傅对水温、火候、面浆的掌控。这个动作让前面的千揉万搓变得有意义，让后面的千咀万嚼变成一种享受。有经验的师傅濑粉时要根据米浆的状况，采用不同的力度和洒落的速度，以达到最佳的濑粉品质。比如，濑粉时把瓯拉高一点濑出的粉会较细，把瓯放低一点濑出的粉会较粗，不论如何处理，根本目的是确保粉质细腻、爽滑、柔韧。

图 3-12　将濑粉瓯挂在铁链上，手持瓯转圈画弧线濑粉，

煮至沸腾（杨诗韵团队　供图）

图 3-13　将煮熟翻转的濑粉捞起过冷河

（杨诗韵团队　供图）

第五步，"过冷河"。将煮熟翻转的濑粉快速放入装有自来水的盆中，使之快速冷却，经过5分钟浸泡后捞起，整齐地放在竹筛上存放备用——可以用姜、葱、酱油凉拌着吃，也可以灌上老汤食用。但不管哪一种吃法，嫩滑弹牙的濑粉都宛如在与唇齿缠斗，激发出韧劲与韧性，也释放着稻香味。"过冷河"的主要作用是让粉与粉之间分离，不粘在一起，这也是决定濑粉是否爽口弹牙的重要环节之一。与通过"开粉"增加粉的韧性不同，煮熟成型的濑粉经冷水浸泡，摸起来饱满、弹性而黏滑。

图3-14 高明濑粉传统配料

第六步，制作食用濑粉。高明濑粉好吃的重要原因还在于配料和汤料（表3-1）。首先是准备配料，一般要有切成末并经加盐加油炒制而成的葱、姜、蒜等，还根据口味加一些蛋丝（加韭菜以提鲜）、鱼饼丝、榨菜丝、腊肉、花生或辣椒圈等，花生炸熟后要碾碎。特别的是鱼饼丝，由鱼肉加上陈皮、胡椒、盐、韭菜等油煎而成，其中陈皮的甘甜味道尤为突出。配料的主要作用是增加濑粉的香味。其次是准备汤料，一般用猪肝、瘦肉或猪骨熬汤，熬制一个半小时使营养和味道渗到汤里。熬制高汤是高明濑粉中尤具地方特征的烹饪、食用方式，其主要价值在于各家老店配方独到且具有个性化特征的熬汤方式，属于祖传秘籍、厨房至尊，最优配方只掌握在各店家手中。把主料、配料和汤料搭配在一起，即成一份入口软、韧、爽、滑的香喷喷高明濑粉了。

表 3-1　广东省内四大濑粉品种一览表

濑粉品种	主要特色
高明濑粉	主要以猪骨汤打底，配料丰富，有头菜丝、鸡蛋丝、肉丝、煎香鱼饼丝、榨菜丝、腊肉、叉烧、排骨、辣椒圈等，将葱、姜、蒜切成末，花生炸熟后碾碎，配料可增加濑粉的香味。口味总体偏淡。
东莞厚街濑粉	以猪骨汤打底，汤底香浓，汤色清鲜，粉质洁白细长，虽然也可加其他佐料，但一般主打的是整只鸡、大份肉或大块骨等。烧鹅及酱汁可谓厚街濑粉的灵魂所在，酱汁用许多特种药材和香料熬制而成，有淡淡的药材香。
中山三乡濑粉	以猪骨汤打底，粉质韧滑、细长、弹牙。有汤濑、捞濑、炒濑等吃法，配料多为猪肉、猪杂、烧鹅、叉烧、牛腩等，月婆鸡汤濑粉等尤具特色。
广州西关濑粉	采用稠绵、浓香的米浆汤底，粉质如蚯蚓般粗短、大小不一，顺滑弹牙，呈米糊状，如北方浆面。以猪油渣、虾米、冬菇、叉烧丝、炸蒜蓉、萝卜粒等为佐料，口感层次丰富。

二、高明水菱角制作技艺

在高明，还存续着一种水菱角制作技艺，其前期流程和濑粉的制作相似。水菱角是一种特别的濑粉，又被称为"高级版"或"升级版"濑粉。

高明历史上分布着大量围田区，有着种植菱角的传统。菱角蕴含"棱角分明""锋芒毕露"之意，对儿童来说也有"聪明伶俐"的寓意。菱角长得像元宝，还象征着财富。旧时高明民众喜食菱角，到了中秋时节，常采摘菱角，做给一家人食用，寄寓小孩"聪明伶俐"。由于菱角只在秋季前后成熟，每年产量有限，爱吃菱角的乡村人家便就地取材，把陈米磨粉储存起来，制作成菱角模样的米制小吃——水菱角，以解馋意，这样在各个季节都能吃上菱角。相比菱角的粉甜，用米粉制作的水菱角多了韧性口感，入口嫩滑细腻，加上猪油渣、香菇、虾米、萝卜润等配料点缀，口感十分丰富。

图 3-15　上善濑粉店出品的水菱角（谢中元　摄）

水菱角的制作和条索状濑粉一样，也要经过浸米磨粉、开生熟浆、濑制、"过冷河"、煮制等环节。水菱角是否软滑细腻不粘牙，与生熟米浆的配比、温度的调控等息息相关。生熟浆的比例不同，濑制时水温相差几度，制作的水菱角口感都会不同。制作上的关键区别在于濑制方法不同。外形犹如一粒小菱角的水菱角，全凭师傅手上的一双筷子雕琢而成。只见师傅灵巧地在粉浆上夹出一个小粉珠，缓缓分开两根筷子，再轻巧地将粉珠以三角形的形状拖进60℃热水中，如此轻轻一"濑"，短短几秒，水中便浮起了一颗三角并驾、白净如雪的小菱角。制作水菱角最精巧的技艺就在于"濑"，这个动作看似简单平常，却极为考验制作者的手工技艺。控制筷子的熟练度，挑起粉珠的量，拖动粉珠入水的角度，都会对水菱角的成形造成影响，动作上稍有偏差，形状和口感便有天壤之别。整个动作一气呵成，手法必须稳、准、狠。

图 3-16 老师傅梁玉（中）在上善濑粉店
指导伍锦强、黄鸿秀夫妇制作水菱角（伍诗莹 供图）

在以前的农村，如有小孩子发烧感冒后胃口不好，或是大人咽喉肿痛，在求医吃药的同时，家里人都会为他们煮上一碗香喷喷的水菱角，这样既可以饱腹，也可以降火。用粘米粉制成的水菱角，如今已成为一些人家的自制早餐或小吃店的美食。制作水菱角的每个步骤都比较耗时费力，濑粉店师傅们每天早晨 5 点就要开始做准备，先将晚造米浸泡三个小时后进行磨粉，然后开生熟浆、濑制、"过冷河"等，整个过程无数据可以参照，只能根据师傅多年的手感经验进行流程化操作。

三、对高明濑粉制作技艺的理论解读

数百年来，高明人对濑粉的珍视，早已化作他们对濑粉制作过程的享受。每一次揉搓，力度都有分寸；每一道老汤，配料都有变化。就如同导演陈晓卿在拍摄《舌尖上的中国》时所说：好的食物是有根的。如米线离不开云南，粿条离不开潮汕；没去过川渝，不会懂得他们为何无辣不欢。而濑粉的制作过程以及背后的故事，早已成为濑粉味道的一部分。高明濑粉的生成，离不开制作人对身体感官的充分调动，特别是需要通过身体感官的感觉、情感和认知并借助一定的工具、材料完成濑粉的赋形过程。制作人的身体感官以各种组合的方式参与濑粉的生成，从而释放丰富的视觉、听觉、触觉、味觉、肤觉等身体感觉，最终在熟能生巧的操作下达致主客体的统一以及实现濑粉制作人的身心融合。

可见，以人为载体的高明濑粉制作技艺是传承人身体实践的无形产物。在场的身体主宰着高明濑粉传承的有效性，身体的在不在状态也决定着高明濑粉的生成过程是否顺畅，所呈现的效果是否尽如人意，所以从身体实践的角度理解高明濑粉制作技艺至关重要。高明濑粉传承人或资深的制作师傅究竟依托何种能力生成并赋形高明濑粉？从根本上说，每项非遗无不植根于特定的地方社会与生活世界，而且通过个体或群体的世代传承而延续，或者说就是生活世界中人的身体实践性的产物。"生活世界"是埃德蒙德·胡塞尔（Edmund Husserl）提出的哲学概念，他认为"现存生活世界的存在意义是主体的构造，是经验的前科学的

生活的成果。世界的意义和世界存在的认定是在这种生活中自我形成的"①。未被科学化的经验既构成了生活世界的主体，又彰显着生活世界的意义，属于文化创造的基础性存在，因为"任何文化都有它自己的生活世界和日常的实践的事物经验"②。

有经验的濑粉制作师傅从没有任何隔膜的熟悉生活开始，在家庭、村落的氛围里耳濡目染，慢慢生成着濑粉制作实践的技能和行为，由自我意识与身体动作融为一体，外化为地方生活、人的自我意识、身体技艺技能及行为之间的亲密互动。濑粉制作师傅的身体实践行为显示在无法对象化的高明濑粉制作过程中，师傅的自我意识如同天机自动般流动，身体感官在经验思维主导下熟稔地运行，生活世界中的地方知识在身体技艺的施展中倏然呈现。这种能力在行政话语中常被转换成原则性、方向性的概念，如代表性、权威性或影响力等。濑粉制作师傅通过口传心授并在长期实践中生发的能力本质上是一种身体实践技能，这种能力既不同于作家创作文学作品所凭借的天赋灵感，也不等同于简单劳动者完成重复工作所依赖的常识性流程。

那么，该用何种概念对此能力予以描述？美国人类学家詹姆斯·斯科特（James Scott）从希腊哲学中拈出"米提斯"（metis）概念，用以解释蕴藏于实践和经验之中不易习得的能力，并将其与正式的、演绎的和认识论的知识相区别。"米提斯"来源于古希腊词语，在《荷马史诗》中用以指称奥德修斯（Odysseus）在带领船队回家途中所显示出的技能、能力和智慧。斯科特认为"米提斯"囊括了环境与过程，其"背景特点是短暂的、不断变化的、无法预计和模糊的，这些条件使他

① ［德］胡塞尔. 欧洲科学危机和超验现象学［M］. 张庆熊，译. 上海：上海译文出版社，1988：81—82.
② 张汝伦. 生活世界与文化间理解之可能性［J］. 读书，1996（10）：72.

图 3-17　区级代表性传承人谭玩芬向游客展示濑粉制作技艺

（盈香生态园　供图）

们不能被准确地测量、精确地计算或有严格的逻辑。位于天资灵感与被编撰知识间的巨大中间地带，前者根本无法使用任何公式，而后者可以通过死记硬背学会"①。即是说，这种能力来自长期实践经验的日积月累，是一种非标准化的实践性技能。如罗伯特·哈里曼（Robert Hariman）所言，"米提斯"作为"地方化的知识既不同于技术能力又不同于科学知识，与现代主义者对世界的程序化相反，它是通过模仿和实践经验而习得的"②。所以，以人为载体的高明濑粉与传承人身体的生活、生存、生命相依而生，它依赖着传承人所浸润的地方生活世界，所以是携带着生活世界细节以及地方性知识的经验性产物。他们掌握并

---

① ［美］詹姆斯·C. 斯科特 . 国家的视角：那些试图改善人类状况的项目是如何失败的 ［M］. 王晓毅，译 . 北京：社会科学文献出版社，2004：433—440.

② ［美］罗伯特·哈里曼 . 实践智慧在二十一世纪（上）［J］. 刘宇，译 . 现代哲学，2007（01）：68.

展示的技艺是在适应复杂多变的地方环境过程中，采取的与现代社会科学化、现代化、程序化不同的实践方式。法国人类学家马塞尔·莫斯（Marcel Mauss）以"身体技术"概念描述这种经无意识的身体实践而习得的技术或技巧，基于此可用更为传统的"米提斯"概念对高明濑粉传承人根生于长期实践和经验的能力进行统摄性概括。

图 3-18　区级代表性传承人陈建宁制作的高明濑粉（陈建宁　供图）

"米提斯"在知识层面上又体现为什么？在迈克尔·波兰尼（Michael Polanyi）看来，世间知识分为两种：一种是可用文字符号表示的规范性、描述性知识，如科学理论等就可用系统、逻辑的方法在个体之间传达；另一种是默会性的个人知识，它依赖于个体观察力、直觉和体验并深植于个体的行为过程，无法用符号、文字表述，是附着于人身体上的技艺技能，"实施技能的目的是通过一套规则达到的，但实施技能的人并不知道自己那样做了"①。借此言之，高明濑粉传承人通过身体感觉获取的"米提斯"能力属于默会性知识，这种能力由于和身体实践浑融而生，没有哪部分作为与"身体"相对的"客体型""观念型"知识凸显出来，无法精确表达，只可意会，不可言传。这些技艺化的实践包含着系列复杂、丰富、完整的技术知识，也浸染着技艺持有者深切的身心参与感觉和环境在场内容，但不能外化成技术层面的数字、概念和规则，也难以形成文字化的概念知识。这些秘而难宣的技艺和技能为经验丰富的传承人所掌握，正是通过传承人身体的某个部位或整个肢体综合协调、无迹可寻地表达出来。

高明濑粉制作技艺传承人们既形成了一些入门的技能流程、概念以及供有兴趣者参与体验的基本功，又因人而异地积累着传承人们在长年累月操作实践中培育起来的身心敏锐感和手艺精熟感。按照皮埃尔·布迪厄（Pierre Bourdieu）根据知识与身体关系所做的划分，前者是可以和身体分开且通过文字等媒介流传的知识，后者则是身体全身心投入而习得的"体化知识"②。由此，依靠可程序化的概念性知识以及不可流程化的经验、感悟、心得和体会等"体化知识"，传承人们在自我意识对身体感觉的捕获过程中，抵达器兼于道的自由娴熟境界，从而产生独特的审美感受和技艺追求。这种"米提斯"能力体现传承人将生活感悟与身体动作凝合起来的状态，显示着身、心、物联动以及"懂"和

---

① ［英］迈克尔·波兰尼. 个人知识——迈向后批判哲学［M］. 许泽民，译. 贵阳：贵州人民出版社，2000：73.

② ［法］皮埃尔·布迪厄. 实践感［M］. 蒋梓骅，译. 南京：译林出版社，2003：113.

"做"互融的实践性。"米提斯"能力到位了,濑粉制作技能就附着于身体,传承人也就可以在身体操演中完成有高明印记的濑粉上品制作。

第三节 制作标准

一、佛山市高明区名特小吃联盟标准（以下简称"标准"）

（一）标准的起草

为促进高明区地方特色食品行业自律、提升行业影响力,高明区市场监管局联合佛山市质量和标准化研究院以及高明区内 22 家餐饮单位发起成立了高明区名特小吃标准联盟,并制订佛山市高明区名特小吃联盟标准（高明濑粉）（FSLB/GM 01-2017）。佛山市质量和标准化研究院按照联盟标准制订有关要求,组织开展对濑粉联盟标准的起草。在经过多次讨论、验证及不断修改完善后形成草案,2017 年 1 月通过了企业产品标准审查专家组的评审,并由该联盟于 2017 年 4 月 26 日正式发布,自 2017 年 4 月 30 日起施行。濑粉联盟标准规范了濑粉的原料要求、生产加工工艺、感官要求、理化指标、微生物指标、试验方法及检验规则等。

该标准由佛山市高明区市场监管局提出和归口管理。起草单位包括:佛山市标准化协会、佛山市高明区市场监督管理局、佛山市高明杨和园林美食城、佛山市高明区荷城大快乐餐厅、广东盈香生态园有限公司、佛山市高明恒威大酒店、佛山市高明区幸福大酒店、佛山市高明区荷城新佛笑楼、佛山市高明区一品楼酒家、佛山市高明区富湾金富海鲜楼、佛山市明区明苑迎宾馆服务有限公司、佛山市高明区福盈门酒楼、佛山市高明富湾山水休闲度假邨有限公司、佛山市高明区荷城欧珀中西餐厅、佛山市高明区世纪星酒店投资发展有限公司、佛山市高明区荷城新祥兴酒楼、佛山市高明区荷城裕昌酒楼、佛山市高明联昌大酒店、佛山市高明区大昌餐饮管理有限公司、佛山市高明区荷城宝岛特色美食馆、佛山市高明区荷城芳味濑粉店、佛山市高明区荷城健乐餐厅、佛山市高明区荷城江南濑粉店、佛山市高明区荷城叙福隆酒家。

该标准主要起草人有：郭友珍、谢辉、杜建超、李子辉、聂雯靖、岑敏华、曾志强、林荣康、黄月晶、刘惠芳、陆钜强、黄明珍、苏粲恩、古永雄、关国锋、黎仕成、杨俊峰、温国忠、钟长大、吴秋兰、冯建芳、黄云朝、何少文、区合娥、严伟志、杜卫中。

（二）标准界定的制作工艺

按照《佛山市高明区名特小吃联盟标准》（FSLB/GM 01—2017）的界定，高明濑粉是以晚造粘米、饮用水、米饭为主要原料，以葱、姜、蒜、油炸花生米、头菜丝、鸡蛋丝、鱼肉丝、猪肉、牛肉、排骨等为配料，采用佛山高明特色工艺制作而成，并在冷藏条件下贮存，需熟制后食用或供餐饮业用的米粉制品。该标准界定的高明濑粉制作工艺包括：

1. 选米

要求是晚造的粘米，颗粒均匀，色泽饱满，干爽，没有发黑的米与砂石。

2. 浸米

浸米要用冷水，最好是泉水、井水，其次是自来水。水与米的比例是，水浸过米面，高约一个手指。浸泡时间为一个半小时以上，三个小时以内。以高明的温度，夏季以两小时左右为最佳，冬季三小时左右即可。

3. 晾米

将浸泡过后的米倒在米筛上，放在避尘通风处晾干。如果遇到天气不好，则要用风扇来吹干。干的程度为用手抓起米，米不会有明显的水迹即可，手上不留明显的水迹。

4. 掺和米饭

制作濑粉前，要提前煮好米饭，米饭干湿适中，不能用烂饭。将米饭拌匀在浸泡后的米中。100 斤生米配 20 斤熟米饭。

5. 打粉

将搅拌好的米打制成粉。粉粗细适中、均匀，手感嫩滑，质地柔韧，富有弹性，水煮也不糊汤。

6. 晾粉

打好的粉要晾干或晒干，如果是第二天用来制作濑粉的，则晾干水分即可。如果放置时间比较久，日后用来制作濑粉，就需要晒干或烘干，这样就可以保存几个月，甚至半年。

7. 加水搅粉

搅粉要用80℃—90℃热水。温度太低，粉容易黏结成块，温度太高，粉会搅熟，在经过第二道工序"濑"的时候，粉就会变老，没有那么爽滑可口。水烧热至 80℃ 以上后，开始搅粉，将干粉放入盆里，一边加水一边顺时针搅拌，反复搅拌，待粉搅成韧性十足的米浆。粉与水的比例为 25 公斤粉加 10 公斤水。如果用搅粉机搅粉，搅 5 公斤粉的时间为 20 分钟；手工搅粉的时间更长一些，需要 25 分钟左右。成品米浆软润爽滑，色白甘香，不肥不腻。

8. 濑粉

濑粉是制作高明濑粉最重要的工序。濑粉用的水温度在90℃左右为宜，温度太低，粉容易粘在一起成为米糊；温度太高，濑不均匀，粉先后煮熟的时间差异大，粉的熟度、爽滑与口感则完全不一样。水温保持在90℃左右，火力要用猛火。将粉浆倒入濑粉容器里，濑粉流过容器为口阔底小的七孔粉瓯，粉在锅里约2分钟后会自动翻转。濑好一锅粉，将粉捞起来后，再濑第二锅。直径60厘米至70厘米的锅，一次可濑4公斤粉，粉在锅里濑熟的时间为5分钟．濑出来的粉的特点是洁白、细嫩、软滑、爽口，不粘连，散发自然的米香味。

9. 冷却

粉濑好濑熟后，要用铁勺捞起来，经过"过冷河"工序，也就是用凉水冷却，这样粉才能够独立成条。将捞起的濑粉快速放入自来水中，冷却过程中水要不断流动，这样确保水温不会升高。还有就是粉色干净，不会改变汤底的颜色。冷却时间为5分钟，冷却后的粉放到米筛中存放备用。放置时间约20分钟，期间要用手散粉，防止濑粉粘连。

10. 煮制（加汤底、配料）

客人点餐后，将冷却的粉放入开水中煮至水再次沸腾，捞出，加入热的猪骨汤、葱、蒜、姜、油炸花生米、头菜丝、鸡蛋丝、鱼肉丝、猪肉、牛肉等。食用时应先搅拌，让粉与配料充分融合，然后品尝。

二、高明濑粉团体标准（以下简称"标准"）

（一）标准的起草

2021年9月30日，佛山市高明区餐饮行业协会发布高明濑粉团体标准（T/GMCX 002-2021），2021 年 10 月 14 日实施。由佛山市高明区餐饮行业协会提出并归口，起草单位包括佛山市高明区餐饮行业协会、广东盈香生态园有限公司、佛山市高明区上善藏宝田餐饮有限公司、佛山市高明区荷城靓记濑粉店、广东省粤科标准化研究院。主要起草人有：郭玮群、何冠波、仇永元、伍锦强、严玉娟、陈鸿韬、陈昕、莫秀坤、张建波、李子耀、陈伟华。

（二）标准界定的制作工艺

该标准将高明濑粉界定为：以籼米、饮用水、米饭为主要原料，采用高明特色工艺制作而成，以熟姜蓉、油炸花生米、头菜丝等为配料，食用时辅以熬制的高汤为汤底的美食。其界定的加工工艺如下：

1. 配料

原辅材料宜按配料表进行配比（表 3-2）。

表 3-2　原辅材料及配比

项目	原辅材料名称	净料量
主料	籼米粉	500g
	饮用水	200ml
配料	熟姜蓉	200g
	油炸花生米	200g
	头菜丝	200g
汤底	高汤	500g

2. 主料材料选取

应选用高明当地出产的颗粒均匀，色泽饱满、干爽的小农粘晚造米。

3. 主料处理

（1）浸米宜用20℃—25℃冷水，水与米的比例是1.5∶1，浸泡时间约2—3小时，晾干备用。

（2）夹生饭（没熟透的饭）凉透备用。

（3）将浸泡过的米和夹生饭按5∶1的比例混合，放进粉碎机打制成粉末，打好的粉晾干或晒干。

（4）将粉放入盆里，逐步加入80℃—90℃的开水，粉和水的比例为3∶4，顺时针搅拌，搅拌时间约15—20分钟。将米浆搅拌成拉条状备用。

（5）将米浆倒入圆孔濑粉成型器，流入装有水温为65℃—70℃的热水锅里，待米浆形成粉条状后，捞起放进冷水盆过水，沥干水分。

4. 配料制备

姜蓉、头菜丝、花生米炒熟备用。

5. 汤底制备

采用高汤作为汤底，高汤宜以猪骨、粉葛、胡萝卜等熬制而成。

6. 烹制

把成型的濑粉放入锅中开水轻烫约5—8秒，捞起放入碗中。淋上热高汤，放上熟姜蓉、头菜丝、油炸花生米，即可食用。

7. 风味特点

（1）外观：主料呈米白色，长条形，粗细基本均匀、光滑整齐；配料呈其煮熟后应有色泽形态。

（2）气味：具有正常制品应有的气味，无异味。

（3）口感及滋味：主料米香味浓郁，口感爽滑，有弹性；配料具有各自风味。

（4）杂质：无肉眼可见的外来不可食用杂质。

第四章

高明濑粉传承

第一节　传承基础

一、特色门店

高明人视濑粉为美好幸福的象征，无论是喜庆节日还是家庭聚会，本地人的饭桌上都少不了一碗高明濑粉。20 世纪八九十年代以前，只有在过年、过节、祝寿、婚嫁等场合才吃得上濑粉。平时也只有贵客上门，主人才可能以濑粉宴客。进入 20 世纪 90 年代以后，高明荷城的大街小巷逐渐开起了濑粉店。如 1992 年《佛山日报》所载的《西安濑粉风味独特》所述："西安濑粉以其独特风味，享誉内外，高明县内许多乡镇设有濑粉档，食者众多，只要付出一元几角，就能美滋滋地品尝到一碗回味无穷的濑粉。"① 濑粉从一种难得享用的宴席美食，转变为本

---

① 梁少香 . 西安濑粉 风味独特 ［N］. 佛山日报，1992-11-03（02）.

地普通百姓吃得起、外来客人到高明必吃的日常主食。

　　据统计，高明区经营濑粉的门店约有100家，还在以一定的速度增长。在高明的大街小巷，细心寻找可以发现，里面隐藏着各种各样的濑粉店（表4-1）。其中以荷城、更合等地居多，超过10年历史的濑粉店比比皆是。在更合，甚至有30年以上历史的濑粉店。有的店铺，位置偏僻，没有炫目的门面，不识路的人几乎难以找寻，却一直不缺熟客和慕名而来的人。这些濑粉店的厨师有相当一部分是男性。目前，较为知名的江南濑粉店、上善濑粉店、家乡濑粉店、西樵山云路村濑粉店等均由男性投资人兼任大厨。店里的濑粉能让食客流连的一大理由，就是保留了手工制作方式且风味传统。看起来一碗普通的粉条，无论是对于店主还是到店的食客，都寄寓着一份浓浓的熟悉感、人情味。

表4-1　部分高明濑粉特色门店一览表

序号	店名	主要特色	地址
1	盈香生态园	有浓汤、捞喜、干炒、凉拌、拌酱等各种制法的濑粉，设肉丝、鱼丝、切鸡、牛腩、牛肉、叉烧、烧肉、草菇、冬菇等几十种配料。已创新推出濑粉干等多种产品	高明区荷城街道西安洗村（广明高速沧江出口约600米处）
2	江南濑粉店	1991年正式开业。江南濑粉店已开设文华总店、泰和分店、跃华分店、西樵分店、文明分店等。纯手工制作的特色濑粉有招牌什锦、牛腩濑粉、猪手濑粉、半肥瘦猪肉濑粉、鱼松濑粉等，搭配泡青椒、酱油辣椒等丰富配料和火候十足的筒骨高汤	文华总店：高明区荷城文华路272号；泰和分店：荷城街道泰和路99号；跃华分店：荷城街道跃华路393号1座之1铺；文明路分店：高明区文明路208号（公安局对面）；西樵分店：南海区西樵镇江浦西路51号

序号	店名	主要特色	地址
3	上善濑粉店	店内摆放了不少旧时制作濑粉的农具与工具，装饰古色古香，将传统文化元素与农耕符号相结合。濑粉品种多样，其中香脆鱼肉濑粉、牛腩濑粉、泥鳅濑粉等较有特色	高明区荷城街道康宁路108号
4	康乐濑粉店	1995年开业。品种多样，坚持纯手工制作濑粉，配以头菜、葱花、猪杂等	高明区杨和镇人和跃龙四巷11号
5	环姐濑粉店	2008年开业。品种多样，每天坚持熬制浓浓的猪蹄高汤	高明区杨和镇人顺路西二号铺
6	颜姐濑粉店	新鲜濑粉配以冬瓜猪骨浓汤底，再搭配蛋丝、鱼肉、猪杂等各式配料	高明区杨和镇银杏路6号1座6号铺
7	坚一濑粉店	开业已13年。其濑粉用乡下稻米打成米粉制作而成，濑粉品种多样	高明区明城镇城六东路8号3座首层19-20号商铺
8	友连濑粉店	开业将近15年。其牛腩濑粉、花腩濑粉等最受欢迎，濑粉口感软滑又有嚼劲，腩肉味浓料足	高明区更合镇更楼工业大道104号
9	九姑娘濑粉店	2011年开业。除了有瘦肉、牛腩、粉肠等常见配料，还每天选购新鲜猪红，制作招牌猪血灌肠濑粉	高明区更合镇工业大道（更楼）102号商铺

续表

序号	店名	主要特色	地址
10	大众濑粉店	1994年开业。牛腩濑粉搭配花生、姜、头菜等配料，是该店最受欢迎的濑粉	高明区更合镇（合水）富民街16号
11	卓华濑粉店	1995年开业。参与过多届高明濑粉节，曾获评"高明濑粉"特色名店。店内的特色是八宝濑粉，将姜、葱、蒜用油炒制，配以头菜丝、蛋丝、鱼饼丝、猪肉、花生米等辅料，再加入猪骨浓汤即成	高明区更合镇合水社区北水路（即一河两岸）中段
12	超记濑粉店	1992年在合水市场现址开业。搭配瘦肉、半肥瘦牛腩等配料，加上黄芪、党参、猪骨等熬制的养生汤底，使细长绵软的濑粉颇具滋味	高明区更合镇（合水）南水路46号
13	芳味濑粉店	手工濑粉即濑即卖，有双拼濑粉、杂锦濑粉等，配料除了牛腩、肥瘦肉、鱼松等，并有秘制鲜嫩鸡丝等，还供应卤水凤爪、入口角、红豆糕等风味小吃	文华店：高明区荷城街道文华路370号；河江店：高明区荷城街道跃华路483号
14	莲兴濑粉店	有将近30年历史。牛腩、鱼肉、猪肉、猪手等濑粉用料足、味道正	高明区荷城街道米兰路83号
15	靓记濑粉店	濑粉品种丰富，配料以粉肠、瘦肉、猪肝等为主	高明区荷城街道沧江路梅花街AB座；明月街52号

序号	店名	主要特色	地址
16	家常濑粉店	特色牛腩濑粉以牛筋为主，牛腩濑粉的花腩用秘制酱汁熬制而成	高明区荷城街道泰和路341号（荷城广场对面）
17	丽珍濑粉店	坚持纯手工制作，使用传统炉具，口味地道	高明区荷城街道永安街106号
18	开心濑粉店	供应猪肉、粉肠、鱼饼等配料濑粉以及肉片、猪杂等生滚配料，汤底以猪骨煲成	高明区荷城街道西安实验小学侧（勤奋巷）
19	可口濑粉店	以猪骨熬汤，口味地道，设酸辣椒等特色配料	高明区荷城街道文华路158号
20	华星濑粉店	2002年开业。制作以猪肉、牛腩、猪脚、扣肉、排骨等为配料的濑粉	高明区荷城街道星河路与荷香路交界处
21	连香濑粉店	什锦濑粉、五花肉濑粉等尤其受欢迎，配以浓浓酱汁	高明区荷城街道泰和路84号
22	四方圆濑粉店	濑粉品种多样，有半肥瘦、鱼松、牛腩、猪手等多种配料	高明区荷城街道文明路6号
23	明记濑粉店	制作蛋丝、鱼肉、瘦肉、牛腩、杂锦等合水风味濑粉	高明区荷城街道跃华路503号
24	高明濑粉第一家	体现高明濑粉的基本特色	禅城区燎原路78号
25	乡味濑粉	体现高明濑粉的基本特色	禅城区松风路仿古街10A号

2011年9月19日至9月29日，由高明区委宣传部（区文体旅游局）主办，高明区市场安全监管局、高明区饮食同业商会协办的2011年"高明濑粉"特色名店评选活动顺利开展。该活动专门成立"高明濑粉特色名店评选活动"组委会，组委会办公室设在区文体旅游局文物科，并聘请市区美食专家、市民代表组成评审组。评审方式包括资格审查、现场走访考察、现场濑粉竞技、网上投票等。28个来自一街三镇的濑粉店家参与现场制作比拼。现场长桌上架起4个大锅炉，3个店家分成一组，每个店家在时限内做出3种濑粉，包括指定的猪瘦肉濑粉以及店家现场制作特色濑粉。从搅拌粉浆、制作下锅、"过冷河"、装盘配料到最后淋上店家自带汤汁，全过程尽入评委和观众眼帘。最后呈现的濑粉多达15种，不仅有常见的牛腩、花腩濑粉等，也有少见的海味、香茅濑粉等。评审专家通过观看、辨味、品尝等方式进行评分，综合之前的分数以及现场制作得分，塘伙水上生态乐园、盈香生态园、霭雯教育农庄、泰康山生态旅游区、江南濑粉店、靓记濑粉店、卓华小食店、汝胜餐馆、濑粉仔美食店、园林美食城10个店家获得"'高明濑粉'特色名店"的称号。根据调研情况，对以下三家略做介绍。

（一）盈香生态园

广东盈香生态园始建于2000年12月，坐落于素有珠三角"九寨沟"之称的凌云山麓下，地处高明区荷城街道西安冼村，总体服务面积近2500亩。（1亩约为666.6平方米）近年来，大力投资发展旅游基础建设、配套设施建设、环境美化及科教文化建设。园区融合农业观光、科普教育、主题游乐、拓展培训和文化创意等于一体，形成"旅游+农业+生态+教育+文化+娱乐+商业"的全业态综合项目。盈香生态园作为高明区休闲旅游业龙头企业，已成为区内首个省级服务业标准化试点单位。2016年，盈香生态园通过市级服务业标准化试点、4A级"标准化良好行为企业"认证。2018年，通过广东省现代服务业先进标准体系试点验收，并获批国家级服务业标准化试点。

盈香生态园积极打造特色旅游品牌，围绕"把盈香打造成5A级别大型综合旅游度假区"的目标，按照"依据标准、高于标准"的总体要求，加强盈香特色品牌标准化建设。园区先后被授予"广东省中小学生研学实践教育基地"和"佛山市放心消费示范单位""佛山市粤菜名店"等荣誉称号。其特色在于，成功举办高明濑粉节、百花节等，开办盈香濑粉学堂，打造高明特色旅游节庆活动品牌。特别是高明濑粉节，经过多年的发展沉淀，已成为集品尝濑粉、土特产展览、游高明山水、欣赏传统民间文化等活动于一体的大型民俗文化盛会（图4-1）。

图4-1 2016年，第十届高明万人濑粉节人气满满（盈香生态园 供图）

盈香生态园积极拓展休闲旅游业，早已将高明濑粉引入园内各大餐厅，在餐厅推出规格不等、丰俭由人的濑粉宴和濑粉套餐。很多游客慕名而来，在享受游乐之余，会特意到园内的田园餐厅等门店点上一桌濑粉宴或濑粉套餐，品尝高明濑粉的特色味道。已被评定为高明区第二批区级非遗代表性项目（高明濑粉制作技艺）代表性传承人的谭玩芬，于2000年进入盈香生态园承包餐饮场所，经营特色濑粉。在谭玩芬和其他传承人的共同努力下，盈香生态园自2015年开设濑粉学堂至今，除了供应传统的湿濑粉外，近年来还开发了以新工艺制成的濑粉干、拌粉酱，使濑粉从即做即食、难以保鲜的地方小吃变成便于携带、易于存储的旅游手信，同时创新推出养生南瓜濑粉、菠菜濑粉、荞麦濑粉、玉米濑粉、紫薯濑粉、黑米濑粉以及捞喜濑粉、浓汤濑粉、干炒濑粉、凉拌濑粉等多个品种。特别是金黄色的养生南瓜濑粉色泽鲜亮、健康养生，一经推出就受到广泛关注。其制法精细，需精选优质新鲜南瓜，烘干后磨成粉末，按一定比例加入粘米粉当中进行制作。在盈香生态园等单位的共同努力下，高明濑粉的文旅化发展具备了扎实的产品支撑，吃得好、带得走、传得远助推高明濑粉走出高明。

（二）江南濑粉店

江南濑粉店由区合娥创办，1991年正式开业，迄今已有30多年历史，是高明人吃濑粉的优选门店之一。该店纯手工制作的特色濑粉有招牌什锦、牛腩濑粉、猪手濑粉、半肥瘦猪肉濑粉、鱼松濑粉等，口感软、韧、爽、滑，搭配火候十足、汤底浓郁的筒骨高汤和泡青椒、酱油辣椒等丰富配料，聚集了高明区内外的众多濑粉拥趸。

江南濑粉店使用新鲜的粉、新鲜的食材，凭着精熟技艺和良好口碑，实现了在高明区和南海区的连锁经营。现已开设五家店，包括高明区荷城文华路272号的文华总店、荷城街道泰和路99号的泰和分店、荷城街道跃华路 393 号的跃华分店、高明区文明路 208 号（公安局对面）的文明路分店、南海区西樵镇江浦西路 51 号的西樵分店，这五家店每天可售出 1500 斤左右濑粉。此外，还在江门鹤山开设了分店。

江南濑粉店曾获得 2008 年佛山旅游文化节高明篇——高明濑粉制作竞技优胜奖、高明濑粉特色名店、消费者信赖诚信单位、消费者信赖老字号品牌店等多项荣誉。走进位于高明区文明路的江南濑粉店，可见厨房采用透明化橱窗设计，厨房出菜口分别摆放着牛腩、花腩、花生、蛋丝等配料，濑粉在厨房烫熟后浇上汤头，在前台按顺序添上肉类、葱花、蛋丝、头菜丝等配料，客人下完单后不过 20 秒，一碗香喷喷的高明濑粉便可摆放在食客面前。区合娥甚至记得很多熟客的口味，依此决定是否加入姜、葱等配料。"吃不腻"成为许多本地人乃至周边食客对江南濑粉店的好评。

图 4-2 江南濑粉店（谢中元 摄）

区合娥的三个儿子都学到了她的濑粉好手艺，他们甘于继承、大胆创新，对传统濑粉工艺进行提升与改进。区冠城介绍，他才 7 岁的时候，母亲区合娥就开了第一家濑粉店。放学之余他会到店里帮手，8 岁时知晓濑粉的工序流程，10 岁时能独立为客人制作濑粉，如今凭着一定的文化知识以及对濑粉工艺的钻研，其濑粉制作技艺臻于纯熟。

（三）上善濑粉店

上善濑粉店位于高明区荷城街道康宁路 108 号，同时挂牌"濑粉工艺传承馆"，最初由陈建宁、伍锦强合伙创办。陈建宁、伍锦强出生在高明濑粉之乡——合水，可以说是吃着濑粉长大的。从学校大门走出来之后，他们原本分别从事其他生意，出于对濑粉的浓厚情结，后来打算创办一家濑粉工艺传承馆。于是两人回到家乡，向村里濑粉制作经验丰富的阿姨请教，重新拾起传统手艺。2016 年，他们投资 40 多万元建设的上善濑粉传承工艺馆开业。

在选材方面，上善濑粉店以晚造合水黄谷米、合水粉葛等本地特色食材为材料。晚造合水黄谷米种植时间长、大米黏性强，被高明本地人誉为"濑粉谷"。合水粉葛以其粉质多、味甘甜而成为合水农副产品中的"拳头之王"，是高明区特产、中国国家地理标志产品，具有突出的营养、药用和食用价值。其濑粉汤底选用合水粉葛、猪骨、走地鸡（土鸡）等熬制而成，香味浓郁又不失清甜之感，这也成为上善濑粉店出品的独特之处。

上善濑粉店制作的濑粉品种丰富，其中香脆鱼肉濑粉、牛腩濑粉、泥鳅濑粉等较有特色。此外，还积极研发了濑粉干、粉葛干濑粉，如今是高明区少有的售卖濑粉干、粉葛干濑粉的濑粉店之一。已和佛山科学技术学院食品科学与工程学院联手打造校外实习实训基地。在装修设计方面，上善濑粉店独具特色，店内摆放了不少旧时制作濑粉的农具与工具，体现了传统文化与农耕元素的结合，从内到外都散溢出一种乡土味和怀旧感。

上善濑粉店还积极开展水菱角制作技艺的家族式传承，形成由四代传承人组成的传承谱系，包括第一代传承人廖凤兰（外婆太）、第二代传承人梁玉（外婆）、第三代传承人阮灶葵（母亲）、第四代传承人伍锦强和黄鸿秀。一碗看上去朴实无华的水菱角，做成精品却是不容易的。上善濑粉店选用黏性较强的晚造黄谷米制作水菱角，在加水搅拌、控制温度、操作筷子、"过冷河"、调制汤底等环节坚持采用传统方法。其出品形状别致，水菱角三端拖着长长的"须根"，散溢出淡淡的米香味，吃起来韧滑弹牙。再拌入咸香可口的汤底料，形、色、味俱全的水菱角令人食指大动、齿颊留香。

图 4-3 上图：上善濑粉店店内一角

下图左：店内装饰；下图右：濑粉干产品（谢中元 摄）

图4-4 传承人梁玉、伍锦强在上善濑粉店制作、品尝水菱角

（伍诗莹 供图）

二、代表性传承人

非遗以人为载体，是无法绕过的逻辑起点。作为以人为载体的传统活态文化表现形式，非遗的生成、赋形与延续无不借由传承人的参与而真实存在，非遗传承人所具备的能力是其中关键因素。在非遗保护语境中，国内外所推行的代表性传承人申报、登记以及保护制度是在实践层面上对非遗"以人为载体"属性的确认。那些贮存、掌握、承载着传统技艺以及文化传统的个人、群体（团体）被称作民族民间文化的活宝库，从而成为非遗保护的核心以及非遗研究的重点。如冯骥才所说的，"中国民间文化遗产就存活在这些杰出传承人的记忆和技艺里。代代相传是文化乃至文明传承的最重要的渠道，传承人是民间文化薪火相传的关键，天才的杰出的民间文化传承人往往把一个民族和时代的文化

推向历史的高峰"①。对传承人乃至优秀代表性传承人实施有效保护，已凸显为推动非遗传承的政策之本。

我国各级非遗项目代表性传承人认定与管理办法也将传承人的功能和作用以行政认定的方式予以坐实，意在发掘激励那些掌握并承续某项非遗、在一定区域或领域内具有公认的代表性和影响力、积极开展传承活动并培养后继人才的传承人。凡此种种，都源自传承人对于非遗的创生性意义，他们通过传习而获得某种技艺技能，并在前人所传授的知识或技能的基础上融合自己的聪明才智，使非遗的内涵和形式有所创新，使传承的知识、技艺因创造性的"视野融合"而有所增益。"这种文化传习的自觉性，是非物质文化遗产超越个体生命而世代传承的最伟大的原动力。许多非物质文化遗产采用了家族传承、师徒传承、行业传承、传男不传女、传内不传外等方式巩固和强化传习，在传习中实现保真和永久传承。"② 不管通过何种方式传承，参与其中的传承人以及后继者都是实现非遗生命力扩展延续的关键之维。

（一）陈建宁

陈建宁，男，1981 年出生于高明区更合镇（合水）蛇塘村，高中学历，第二十八代陈氏濑粉传人，被评定为高明区第一批区级非遗代表性项目（高明濑粉节）代表性传承人。先后担任濑粉工艺传承馆馆长以及佛山市高明区藏宝田餐饮有限公司、藏宝田农产品有限公司、藏宝田濑粉店总经理。

---

① 中国民间文艺家协会. 中国民间文化杰出传承人调查、认定、命名工作手册 [G]. 北京：中国民间文艺家协会，2005：11.
② 向云驹. 论非物质文化遗产的身体性——关于非物质文化遗产的若干哲学问题之三 [J]. 中央民族大学学报（哲学社会科学版），2010（04）：71.

　　陈建宁出生的蛇塘村，坐落于高明区合水墟中心位置，属于高明、新兴、宅梧、高要等地的交汇处，是一个农产品集散地。这里农贸频繁，为濑粉的存续提供了良好经济基础和人口环境。清光绪年间，陈富贵深受祖辈创始人陈秀一的影响，自小喜欢制作濑粉，在合水蛇塘村口搭建草棚，经营祖传下来的陈氏濑粉，以早、午餐为主，很多赶集的乡亲都会过来光顾。1938年，年少的陈北娣听其父亲陈富贵讲述曾祖父有关"陈氏濑粉"的来历，经常帮手打杂，自小扎下了要将濑粉制作手艺传承下去的决心。他不断钻研手艺，对濑粉制作技艺进行变革，改用"七孔濑粉瓯"，使濑粉制作效率得到很大提升。1955年，陈正常受父辈陈北娣的影响，自小继承濑粉手艺，在工艺方面不断创新，一直总结经验，精选晚造黄谷米制作濑粉，做出来的濑粉鲜滑可口，很多乡民除在店里食用外，还纷纷带回家中。

图4-5　陈建宁制作濑粉

图4-6　陈建宁到佛科院
附属幼儿园宣传濑粉（陈建宁　供图）

1975年，陈正常的儿子陈新虾继承经营濑粉。当时实施改革开放，因场地拆迁等原因，他结束了店铺经营，在积累了丰富的制作经验和群众关系基础上，转营到上乡村承接喜庆濑粉宴席。这种经营尝试和创新，让村民感受到上门制作濑粉的便利服务，受到广泛的欢迎和喜爱。

陈建宁从小就在母亲的熏陶下熟悉濑粉习俗，并在父亲陈新虾营造的濑粉制作环境里耳濡目染，一点一滴得到启发，2001年至今逐渐系统继承了传统的濑粉制作技艺。他在十四五岁时外出打工谋生，从在"珠三角"一带代理经营机械设备做起，通过不懈努力，积累了不少人脉且事业有成。其朋友得知他是高明人，经常向他夸赞高明濑粉，令他感到格外亲切和自豪。基于内心的家乡情怀和濑粉情结，陈建宁经过深思熟虑，决定舍弃收入颇丰的代理专营设备业务，毅然回乡创办濑粉工艺传承馆，把经营场地从高明合水转到高明区中心区域——荷城街道。2016年5月，荷城街道的濑粉工艺传承馆顺利开张。此后，他与花园酒店合作，在荷城、河江和美丽的鹭湖开办3间被认定为A级食肆的藏宝田濑粉店，店内制作过程实现阳光监控。同时，首创"葛粉濑粉干"产品，在三洲伦埇建立藏宝田濑粉工厂，增设一条符合SC生产许可、用于濑粉深加工的自动生产线，所生产的独立包装濑粉干备受海外同胞青睐，成为高明十大特色手信之一。其濑粉店面和厂房都安装有摄像头，可在手机端口实现实时、全程监管。

正因受到父辈的深刻影响和教导，他决心依托一技之长，把高明濑粉文化发扬光大。因此，除了做好店面濑粉经营，他积极走进高明区沧江小学、佛山科学技术学院附属幼儿园等教育教学机构，以及借助高明区各类旅游窗口、载体传播推广濑粉技艺和文化，并承接或参与各种大型的濑粉宴会活动，如参与制作龙船饭千人濑粉宴、佛山乡村文化旅游节"3米大锅濑粉"等。陈建宁提出："每一个行业都要有一个带头人，自己想将高明濑粉做成一个标杆，做好了就会带动更多的高明人去做，一个人的力量是不够的，大家一起去做才有力量，我想通过自己的努力去把高明濑粉发扬光大，让濑粉走向全国，甚至走向国外。"他也表示，将继续传承和弘扬濑粉制作工艺，提升传统濑粉品质，研究创新特色品种，在区内现有的经营门店基础上，向区外拓展开设高明濑粉专卖店，让年轻一代热爱本土特色传统文化，也让各地食客能够品尝到地道的高明特色美食。

陈建宁及其濑粉店所获得的荣誉称号主要包括：濑粉西施金奖、美团及大众点评最受欢迎网红濑粉店、十大最美消费维权商家、爱心企业、2016 年高明区农家乐铜牌、2018 年禅城区高铁文化周活动优秀美食商家奖、最受欢迎濑粉店等等。此外，陈建宁创办的上善藏宝田餐饮有限公司所制作的"九大簋"濑粉宴，于 2020 年入选佛山市粤菜名菜、名点品牌建设项目；2021 年，被评定为高明区非遗保护研究实践基地。

（二）谭玩芬

谭玩芬，女，1966 年出生于高明区荷城街道西安王桐村，高中学历，2021 年 10 月被评定为高明区第二批区级非遗代表性项目（高明濑粉制作技艺）代表性传承人。她从小在制作濑粉的家庭环境中耳濡目染，其曾祖母、祖母、母亲都是经验丰富的濑粉制作人。

曾祖母钟氏，生于 1881 年，1896 年嫁入王桐村，经常打理家务，一年后开始学习濑粉。因家里贫穷，濑粉汤料、配料制作得比较简单，只有逢年过节时才宰杀鸡、鹅，烧水将之灼熟做汤，配料则有猪肉丝、鸡蛋丝、头菜丝、姜丝、炸花生米、辣椒圈、葱花、酸荞头等。

祖母杨妹，生于 1904 年，1924 年嫁入王桐村，负责做家务，在家务农，平时上山割草砍柴，有四十多年的濑粉制作经历。

母亲冼丽容，生于1944年，小时候家里做濑粉都帮忙烧火，耳濡目染之下渐渐熟悉全套流程。1965年嫁入王桐村，结婚后做濑粉一直做到现在。她对高明小吃都存有兴趣，擅长制作传统的入口角、汤汤粉、水菱角、扑撑、糯米角、番薯虾、萝卜糕等，尤其喜欢制作濑粉。

谭玩芬在十二三岁时，开始跟母亲冼丽容学习如何开粉，逐步知晓濑粉下锅时需要注意的细节、如何调控火的大小、捞起"过冷河"时怎样洗才保持濑粉的韧度和长度等。1982年，更加系统地学习家传的手工濑粉制作技艺。1987年，嫁到同一个大队的庆洲村，平时喜欢烹制美食、小吃的她全权负责家人的一日三餐，在濑粉制作方面愈发熟能生巧。她还曾师从谭巧连，系统地习得全流程的濑粉制作方法，逐渐成为濑粉制作技艺第十二代传人。谭玩芬对于从原料选材、粘米粉和米浆磨制到汤料制作的每一个步骤都了然于心，并能熟练操作。她有意培养

图 4-7 谭玩芬在第十四届高明濑粉节上展示濑粉制作技艺

（盈香生态园 供图）

儿子从小对于濑粉制作的兴趣，在儿子 15 岁时指导他制作濑粉，让他慢慢也掌握了濑粉的制作方法。

技艺熟练的谭玩芬没有止步于仅仅在家庭灶台上为家人制作濑粉，而是选择从家庭内部走向社会空间，曾在冼村开设濑粉店，经营多年，积攒了不少技艺经验和开店心得。2000 年，进入盈香生态园承包餐饮场所，开设特色濑粉店，这使她有了更大施展技艺才能的空间。她积极传承传统的手工濑粉制作技艺，并在传统的制作流程和方法基础上探索创新之道，创造了濑粉深加工、新储存的方式——制作濑粉干，创新推出南瓜养生濑粉、菠菜濑粉、荞麦濑粉等新品种，均获得广泛好评。2012 年开始参与承办高明濑粉节，负责对濑粉制作展示人员进行培训。2015 年开设盈香濑粉学堂，接待盈香濑粉研学学生过万人，积极向公众普及濑粉工艺知识，迄今受益人群超过十万人。

关于谭玩芬的传承谱系如下：

第一代：谭敬九妻子张氏

第二代：谭才荫妻子冯氏（师从谭敬九妻子张氏）

　　　　谭宽济妻子梁氏（师从谭敬九妻子张氏）

　　　　谭弟奴妻子何氏（师从谭敬九妻子张氏）

第三代：谭弟仔妻子何氏（师从谭才荫妻子冯氏）

　　　　谭彦长妻子赵氏（师从谭弟奴妻子何氏）

第四代：谭福圣妻子区氏（师从谭弟仔妻子何氏）

　　　　谭贵科妻子苏氏（师从谭弟仔妻子何氏）

第五代：谭恩圣妻子符氏（师从谭贵科妻子苏氏）

　　　　谭西舭妻子梁氏（师从谭福圣妻子区氏）

第六代：谭龙德妻子黄氏（师从谭恩圣妻子符氏）

　　　　谭兰芳妻子杜氏（师从谭恩圣妻子符氏）

第七代：谭大经妻子林氏（师从谭兰芳妻子杜氏）

谭观论妻子杜氏（师从谭龙德妻子黄氏）

第八代：谭行论妻子利氏（师从谭观论妻子杜氏）

谭文韬妻子何氏（师从谭观论妻子杜氏）

第九代：谭应虾妻子钟氏（师从谭文韬妻子何氏）

谭燊周妻子杨氏（师从谭行论妻子利氏）

谭澄周妻子刘氏（师从谭行论妻子利氏）

第十代：谭复尧妻子李氏（师从谭燊周妻子杨氏）

谭复钊妻子冼氏（师从谭燊周妻子杨氏）

谭复津妻子冼氏（师从谭澄周妻子刘氏）

第十一代：谭巧连（师从谭复津妻子冼氏）

谭满年（师从谭复津妻子冼氏）

谭复荣妻子詹氏（师从谭复尧妻子李氏）

谭丽霞（师从谭复钊妻子冼氏）

第十二代：谭敬忠妻子仇氏（师从谭巧连）

谭玩芬（师从谭巧连）

谭艳芬（师从谭满年）

谭泳芬（师从谭复荣妻子詹氏）

第十三代：谭毅强妻子邓氏（师从谭艳芬）

谭楚研（师从谭泳芬）

徒弟梁志伟、梁志源（师从谭玩芬）

第二节　存续隐忧

在 20 世纪 90 年代以前，高明的经济还处于欠发展、较困难状态。那个时候的濑粉，属于食物中的珍品。许多农户会在粮食丰收后，把一部分自家的稻谷留下来杵成粉，然后晾晒、储藏好，等到过年过节或重要喜庆时刻，女主人才将它取出做成濑粉，供家人享用。高明濑粉制作技艺的传承方式多为家庭传承，尤其是以母女之间的代际传承为主。在高明乡村上年纪的女人中间，制作濑粉曾是生活中的重要一课。在重要的家庭围餐时刻，濑粉都不会缺席，很多女孩从小耳濡目染，从打下手帮厨开始慢慢习得这门手艺，在成年的过程中也就自然而然学会了制作濑粉。

除了过年过节，高明人只在祝寿、婚嫁等喜庆场合才将濑粉端上宴席，彼时濑粉是家族乃至全村上下共享的盛宴，故制作濑粉宴席的繁重工作多由男丁来承担，久而久之这成了男性濑粉能手的"专利"。从 20 世纪 80 年代中后期开始，在有濑粉售卖的高明食肆里，濑粉最初只是提供给顾客的众多小吃之一，后来逐渐产生了专门制作濑粉的门店。这些店嵌于城乡一隅，在商品经营和市场经济发展中，生意越来越扩展，营业时间也从清晨延续到午夜，客源稳定的濑粉店纷纷开设分店。高明濑粉跨越了阶层和社区的区隔，成为高明饮食文化传统中有活力的组成部分，在高明地区有很强的存续力和显示度。

随着濑粉逐渐从乡村宴席上的主食演变为一种方便快捷的日常饮食，村里懂得制作濑粉的人日渐稀少。受市场经济发展的深刻影响，也有不少民间濑粉师傅从家庭的普通一员转变成以经营濑粉为业的商家店主。在乡村，不仅年轻一代缺少习得濑粉制作技艺的机会，就算是掌握该技艺的部分中老年人群，也很少再手工制作濑粉了。在不少地方，一些大型宴席甚至倾向于采用更加省时省力、机器生产的濑粉。

2014 年，在高明本地论坛上，一则《高明本土姑娘会濑粉制作的多吗》的帖子曾引起了众多网友关注。过半网友跟帖表示，本土年轻姑娘大多不会制作濑粉了。曾有媒体记者随机采访了 20 位来自不同行业的 25—35 岁的高明本土女性，其中只有两人表示曾经"做过"，其余均表示"不会"。在沧江路一酒楼工作的李锦芳来自更合镇，受访时 35 岁，她坦承自己不会制作，家中近 60 岁的母亲作为合水外嫁女也不会。看着母亲做了 20 多年濑粉的李立晓却无奈地说，制作濑粉的步骤她烂熟于心，只是没有一次实操，最终落得"不会制作"的结果。两位曾经制作过濑粉的市民表示因为太长时间没做，手艺已经荒疏了。29 岁的西安范洲小林表示，高中前都是跟着家人一起调米浆、濑粉的，因忙忙碌碌已经忘记了。同样年龄的明城黎山村民梁姗，在结婚前是家中制作濑粉的"第二号人物"，因为父母亲活儿多，自己经常做大厨，妹妹负责烧火。只是调米浆的技术欠佳，做出的濑粉卖相不好，弯弯曲曲、大小不一，所得评价也只能是"一般般"。不过成家后事务多，以前的"手艺"早已生疏①。

对于普通百姓而言，传统濑粉制法费工费时，濑粉制作技艺的存续生态也发生了变化。濑粉的生产已经商业化，像以前一样满足自需的家庭内部传承越来越少，一个显见的事实就是，相比于过去，熟悉并掌握濑粉制作技艺的人口基数在逐步减少。如今，他需驱动下的产销互动，促推形成了以濑粉店为载体的师徒传承方式。在数百个濑粉店商业化传

---

① 李艳平．高明姑娘，你还会做濑粉吗［N］.佛山日报，2014-10-15（D03）．

承的兜底前提下，虽然这种"式微"尚未从根本上危及高明濑粉的传承基础，但不可避免地产生了传承人口的代际递减。

以传统制作与食用方式为特色的濑粉，除了在本地凝聚认同群体，面对着多元化餐饮经营的竞争，有待建立足够强大的比较优势，这使得高明濑粉"走出去"的动力疲乏。值得书写的高明濑粉历史故事也在商业叙事中飘忽不定，变成辅助市场营销的碎片化符号。其实，高明区有着特别突出的山水田林资源，但旅游开发尚未形成完整丰富的体系，高明濑粉仍然缺少可以深度、系统嵌入的产业经济载体。因此，作为饮食类非遗项目，高明濑粉制作技艺及濑粉食俗确有保护之必要。

第三节　非遗保护

按照《保护非物质文化遗产公约》对"保护"的定义，"明确保护非物质文化遗产生命力的各种措施，包括这种遗产各个方面的确认、立档、研究、保存、保护、宣传、弘扬、传承（特别是通过正规和非正规的教育）和振兴"。有鉴于此，对高明濑粉食俗以及濑粉制作技艺实施动态性的非遗保护，至少需落实以下几个方面[①]。

一、传承，主要通过正规和非正规的教育

世代栖居于高明城乡的民众摸索出了与周边自然环境打交道的方式，他们因地制宜、观时而动，传承延续着高明濑粉文化。正如家家户

---

① 程瑶. 活态遗产的过程性保护——以代表作名录中饮食类非遗项目的保护措施为例 [J]. 民族艺术，2020 (06)：88—98.

户的灶台和饭桌以最日常的方式延续着地方饮食传统一样，高明濑粉也通过"吃"这项最基本的生存活动得到实践和传承。与高明濑粉制备有关的知识和技能，则根据其难易程度在不同人群中以多样的方式传承。濑粉作为与高明区民众日常生活相伴的食物，其制备技艺为大部分家庭成员尤其是女性所掌握，并在家庭内部进行代际传承。在专门制作濑粉的作坊门店中，年轻的学徒在技术娴熟的师傅身后观察学习制作濑粉的每个步骤。这种言传身教方式借助濑粉店和相关人员的流动，扩大了濑粉的传承、传播范围。

　　高明区的饮食传统孕育出丰富多样的饮食文化，而如何传递高明濑粉背后的文化，是制备技术传承之外的难题。在这方面，日本的经验尤其值得借鉴。该国自上而下的"食育"体系，经历漫长的发展过程，已经成为其国家政策并受法律保护，对非遗传承、提高国民健康和社会的团结和睦都有着深远的意义。具体来说，食育即通过食物教育向国民提供健康积极的生活所必需的基本要素，包括相关的德育、智育和体育。2005 年，日本制定颁布《食育基本法》，大力推广传统饮食文化。一是使国民参与到从食料的种植养殖、生产加工开始，到经营流通、餐饮消费等与食相关的各种体验活动，加深对食的感谢和理解之意以及对食知识的习得；二是通过落实各方职责，逐步达到携手合作，从而展开食育推进活动；三是传承、发扬地域特色饮食文化，让国民理解地产地销的意义。基于此，日本内阁府公布《食育推进基本计划》，将地方协会、社区、志愿者团体和个人等多元行动方纳入计划框架。意大利"那不勒斯比萨制作技艺"项目的保护措施也可提供借鉴。意大利政府通过在小学推行"设计您的比萨"计划，使得学生有机会以图画方式展示自己对比萨的理解，参与者的作品会被收集并展示在那不勒斯比萨协会的网站上。

图 4-8　濑粉师傅指导小学生"濑"粉（盈香生态园　供图）

　　非遗的活态性决定了其保护必须是过程性的。这对高明濑粉的启示在于，在社区最大限度参与的基础上，濑粉知识技能在青年一代中的传承和实践尤其重要。可通过正规和非正规教育开展传承工作，使高明濑粉这种传统饮食文化在高明本土拥有强大的存续力。可尝试制订高明濑粉食育计划，在各类人群中系统地实施濑粉食育，重点在于让青少年习得与高明濑粉有关的知识、技能，具备选择高明濑粉的意识、能力，形成良好饮食习惯、礼仪，培育制作高明濑粉的劳动观念和高明濑粉文化认同。如图 4-8 所示，在学校教育中植入高明濑粉制作等课程，这些课程不仅仅是教授学生制作濑粉的知识，在试点学校中师生还可以一起种植稻谷，并让学生把亲手种好的稻谷制作成濑粉并在学校食堂享用。当学生具备种植稻谷和制作濑粉的第一手经验时，就会对这项饮食传统有更深、更浓的情感。

　　濑粉制作技艺以及濑粉食俗的传承，原本以家庭为核心，如今随着城镇化的发展、生活节奏的加快，这种传承方式遇到前所未有的挑战。需要继续号召年轻人学习祖辈流传下来的濑粉制作技艺，培育以濑粉食俗为纽带的家庭归属感，增强家庭内部以及家族成员之间的情感沟通，进一步传扬源于生活、归于节庆的高明濑粉食俗。

二、确认、立档和研究

在教科文组织公布的"《保护非物质文化遗产公约》工具包"系列小手册中，对特定非遗项目的确认是指"在一个或数个特定的非物质文化遗产项目的背景下对这些项目进行介绍以及将其区别于其他项目的过程"，这一对非遗进行确认和定义的过程即"清单编制"。对非遗项目的确认、立档和研究是一个循序渐进的过程，对于在整体上提升非遗的可见度有着关键作用。为了化社区的被动为主动，需要注重推进以清单编制为主的能力建设，使非遗传承人和实践者都有能力参与确认和立档工作。

多元行动主体参与，更能保证非遗信息的丰富性和有效性。意大利对"那不勒斯比萨制作技艺"项目的保护堪称范例，其现代媒体和技术手段的发展为不同群体参与"那不勒斯比萨制作技艺"保护提供了便捷的通道，尤其是调动了青年人参与所在社区的非遗信息收集和传播工作。在那不勒斯比萨协会开发的移动应用程序上，年轻人可以自由分享比萨相关的表演艺术。

对于高明濑粉来说，将其列入非遗名录给基层交流保护经验创造了机会，并有助于促成一个跨区域的联动保护体系。通过非遗立档和编制清单，确认濑粉文化相关的知识、技艺、节日和其他文化表现形式，这些都是积极的应对措施，有助于擦亮濑粉饮食文化品牌。以书、影、音等形式进行从视觉到听觉的多维度立档，也有利于保护高明濑粉表现形式的多样性。政府部门、地方高校、科研机构、非政府组织和类似实体等都能在高明濑粉立档、研究方面发挥作用。尤其是地方高校、科研机构等具备相应的人才资源，可在培训实践者、保护原材料、可持续利用资源生态、促进技艺发展等方面切实发挥作用。外部视角的加入，在某种意义上能够起到"旁观者清"的作用，从而极大地提高高明濑粉项目的存续力，在整体上提高传承群体保护、发展高明濑粉文化的能力。

若把高明濑粉与物质文化遗产一视同仁，只是在博物馆中采取存档和陈列的方式保护与高明濑粉相关的物质产品，将无法发挥濑粉在当今社会的更大作用。这种凝固化的思路，出于对非遗"本真性"的追求，即一味强调还原其原貌或者保持现状。但这种本真性也是一种"传统的发明"，是当代人在对遥远历史想象的基础上进行的建构活动。《保护非物质文化遗产伦理原则》明确指出：非遗的动态和活态性应始终受到尊重，本真性和排他性不应构成保护非遗的问题和障碍。因此，在博物馆化、档案式保护高明濑粉文化基础上，可进一步尝试的举措包括：挖掘整理高明濑粉食俗的历史传统和文化特性，推动将高明濑粉食俗纳入非遗保护范畴，为高明濑粉获得更深厚、广泛的民间认同度奠定基础。当然落脚点在于，借此激发高明濑粉食俗在民间的存续活力，以及年青一代参与传承高明濑粉的内生动力。

三、保存与保护

《实施〈保护非物质文化遗产公约〉操作指南》指出，"缔约国应该特别通过运用知识产权、隐私权和其他适当的法律保护形式，在提高对其非遗的认识和从事商业活动时，努力确保创造、持有和传承该遗产的相关社区、群体和有关个人的权利得到应有的保护"。对于饮食制备类项目来说，立法行动的关键落在了保护食物原材料上。以马拉维项目的立法保护措施为例。该国计划制定法规，将恩西玛的主要原料玉米作为战略作物，同时优化管理制作恩西玛所需的其他配料。除此之外，马拉维还修改《手工艺法》《博物馆法》和《遗址与文物法》以加入非遗保护的条款。同样是为了保护本国的非遗项目"朝鲜泡菜制作传统"，朝鲜则提出定期修订《朝鲜文化遗产保护法》（2012），并采取法律措施保护土地、河流、森林和海洋，以保证泡菜原料的持续供应。

　　具体到非遗项目的保存和保护上，需要政府相关部门在了解社区需求的前提下对症下药。以格鲁吉亚的"古代格鲁吉亚人的传统克维乌里酒缸酒制作方法"项目为例。该国在1920年就起草与酒相关的法律，而后格鲁吉亚葡萄栽培与酿酒研究所制定了《格鲁吉亚葡萄藤和葡萄酒法典》。在2013年格鲁吉亚申报该项目列入代表作名录前，传统酿酒技术已经得到了全社会广泛关注，但仍然面临着许多严峻的挑战。鉴于酒的制备离不开原料（葡萄）和器皿（克维乌里酒缸），政策和法规上的支持从一般意义上的"酒法"发展为扶持相关行业人员，以增强该项目的存续力。例如，政府通过财政补贴或其他特权保护和支持特有的葡萄树品种、有机和自制葡萄酒的生产商，在法律上保护克维乌里酒缸的原料产地，限制原料开采以保证酒缸制作者拥有充足的原料供应。其他措施包括以财政补贴或其他特权（例如廉价或无息贷款、赠款等）来支持酒缸制造世家和小型农户家庭的生产活动等。

　　地道的高明濑粉，常选用的必定有晚造合水黄谷米。尤其是大黄谷米，生长时间超过四个月，这种稻米被称为"濑粉谷"。如果缺少晚造合水黄谷米这种具有地理标志色彩的食材，高明濑粉的高明特色会有所打折，人们也会因为地方风味的丧失而消减对这种地方美食的认同黏性，外地人的新认同也很难建立起来。地道的食材对于高明濑粉的制作是不可或缺的，甚至可以说起着至关重要的作用。因此，相关部门可以考虑出台鼓励办法或引导措施，带动农户或耕作者种植合水大黄谷的积极性，并在条件允许的情况下适当扩大种植面积，供给更多地道的濑粉原材料，以留存高明濑粉的正宗味道。

高明濑粉食俗原本在每年一些特定的时期或时节出现，本身具有鲜明的渗透性、持久性，能够以无形的意识、无形的观念深刻影响有形的生活、有形的现实，既有历史传承又立足于时代，并在地方文化实践中有新的发展。在非遗保护过程中，高明濑粉食俗的时节性、仪式性因素易被忽略，有必要在传承、传播实践中突出这种传统因素，并在生活化的传承中强化仪式感，使之从内到外得到活化传扬。此外，有必要保护与濑粉有关的景观、文化空间和衍生产品。

四、宣传与弘扬

宣传和弘扬的措施旨在提升非遗项目的可见度。当传统文化表现形式以非遗话语的形式进入公共传播领域，需要反复强调和引导大众理解非遗的活态性，从而促进非遗的过程性保护。

以联合申报项目"烤饼制作和分享的文化：拉瓦什、卡提尔玛、居甫卡、尤甫卡"的保护措施为例。在宣传和弘扬方面，申报书重点强调相关的传播活动要突出烤饼制作的文化功能。因为对于各个社区来说，烤饼在葬礼、宗教场合、婚礼、迎接新的季节等不同的仪式场合上担任着必不可少的文化角色，制作和分享烤饼的过程有助于社会团结、互相尊重、和平、热情好客和相关社区间的交流。项目实践者参与媒体宣传，通过组织传统烹饪节等形式重点宣传与烤饼有关的制作和分享的文化。另外，非政府组织、研究机构、政府当局和工会也协助社区进行宣传和弘扬的工作，包括制作与该非遗项目有关的出版物、运营专业工作坊、拍摄电影、成立博物馆和烹饪教育机构等。

各类媒介和节日活动也可以在宣传和弘扬高明濑粉的环节中贡献力量。《南方日报》《南方都市报》《广州日报》《佛山日报》《珠江时报》《珠江商报》《西江日报》等众多本地、外地媒体多次对高明濑粉进行过广泛报道。"学习强国""方志广东""佛山发布""高明发布""佛山新闻网""文化高明""高明新闻""贪吃佛山""玩乐佛山""高明100分""最高明""高明特搜"等数十个微信公众号、视频号等发布过关于高明濑粉的相关内容。在广东（佛山）非遗周暨佛山秋色巡游活动中，高明濑粉多次与来自全国各地的非遗产品一道于岭南天地亮相，得到市民、游客的争相购买。值得一提的还有，高明濑粉曾在美食节目中多次被提及；香港有线电视台主持人邝慧敏曾到高明芳味濑粉店进行采访与录制，体验濑粉制作过程。

在此基础上，有必要把濑粉文化加入与其有关的节日、出版物、手册和影音材料中，以达到在区域、人群间共享濑粉文化的目的。再者，一直延续的高明濑粉节也会吸引来自各地的游客，以促成跨区域交流。现代城市生活可以成为实践濑粉的土壤，由于城市化带来了居住方式和经济结构的变化，濑粉制作的传统在农村地区和城市以不同的方式进行实践。在乡村，邻里间、家庭成员会共同参与濑粉的制作；在城市，则主要是濑粉店制作和出售这种传统食物。人们在等候濑粉制作时聚集聊天，使得濑粉店成为一种社交场所。对于制作者来说，濑粉店也是借助师徒传承方式延续该项目的文化场所。因此，需要把促进濑粉店发挥作用的内容加入保护措施当中。

面对全球化和旅游业对地方饮食传统的冲击，"振兴"高明濑粉不是被动地维持其现状，而是主动让与濑粉有关的生活方式重新焕发活力。在经济全球化给地方食品带来冲击时，科学技术的进步可能是传统饮食对抗危机并得到振兴的契机。机械研磨机的引入使得濑粉的制备比传统的方法更方便、更快捷、更便宜，同时可以不失其制作精髓。尽管有不少外来的美食涌入当地，高明濑粉仍是性价比最高的食物，在当地人餐桌上有着不可替代的地位，这是不可忽视的基础所在。

第五章

高明濑粉发展

从传统的单一粘米粉到如今掺入合水粉葛等食材的复合粉，从原始的手工制作到如今的半机器以及机械化生产，从过去喜庆节日才有的隆重佳肴到如今寻常可见的一日三餐，高明濑粉一路传续，经历了从传承走向创新、从民间传承趋于文旅融合的发展轨迹。但是，氤氲于高明濑粉中的那种传统味道、那种弹牙筋道，从过去到现在，似乎一直留存未变。

第一节　与时俱进

一、工具创新

如高小康所言，非遗保护的意义在于传承和发展，不能简单地将非遗固化为"原生态"状态，"手工艺在发展中并不是一成不变地完全采用徒手和手工工具进行制作的，从最简单的人力机械到电动机械和仿形、复制技术，现代科技一点点地渗入工艺品制作技术中"。① 高明濑粉的制作也是如此，在工具等方面发生了与时俱进的变化。

图 5-1　师傅轻扶吊着铁链的

濑粉器完成"濑"粉

（谢中元　摄）

伴随着技术水平的革新，主料从最初的手工濑粉逐渐发展为机器加工的濑粉，当然这个过程是一点一点渗透改变的。荷城泰和路一家濑粉店仍然保留了手工制作方式，每天从清晨 5 时 30 分开始，直到深夜零时，濑粉店要迎接很多来自高明本地及顺德、禅城的熟客品尝。为了及时足量供应，从 2005 年开始濑粉店使用机器搅拌米粉，每次可以加工 50 斤米粉，加工量的增加也使后续工序要做诸多改良。"开粉"时要用开水，因为高温易伤手，工人很少愿意直接用手开粉。即便用开水开粉，其中的温控、加水要靠经验丰富的厨师把握。濑粉店里改变的不只是制作工艺，在器材使用上细微的改进也实现了大批量制作濑粉的可

① 高小康．"红线"：非遗保护观念的确定性［J］.文化遗产，2013（03）：2.

能性。与乡村家庭使用小小的粉瓯不同，濑粉店用一次可加工 10 小碗的濑粉盒来完成"濑"的工序，但盒底的小孔仍然是七个。而且，厨师一改手端濑粉器作业的方式，在濑粉器与天花板间吊装了一条铁链。自此以后，厨师轻扶濑粉器就可以完成"濑"的动作。

图 5-2　盈香手信濑粉干（盈香生态园　供图）

在此基础上，也从即做即食的鲜湿濑粉发展为便于存储保存、跨地销售的濑粉干，推动了大米加工业的发展。2016 年 9 月 29 日上午，高明（盈香）第十届万人濑粉节在盈香生态园内开幕，主办方创新推出盈香濑粉干，让濑粉突破地域的限制，成为可以打包带走的手信。高明区首批区级非遗代表性项目（高明濑粉节）代表性传承人陈建宁，自小在母亲的教导下熟练掌握濑粉制作工艺，近年来以高明粉葛创新研制出粉葛濑粉。喜爱高明濑粉的人只需熬好热汤，放入濑粉干，在外地也能一尝来自高明的味道。

二、食材创新

高明"六山一水三分田"的地理格局，促使濑粉在传承过程中不断融入来自本地山野、河边或异地他乡的特色食材，并逐渐衍生出了很多新的材料搭配，生成不同的象征意义。作为食品，濑粉的形制和主辅料的多种搭配，伴随着生计方式的改变、生产力的提高逐渐多元化。

濑粉主料和配料的搭配方式逐步走向开放，以汤食濑粉为主，逐步产生捞喜濑粉、干炒濑粉、凉拌濑粉等吃法；汤底除了用猪骨、鸡等熬成的浓汤，还会选用猪肝、鹅肉、瑶柱等食材煲汤；配料除了传统的头菜丝、榨菜丝、蛋丝、半肥瘦、鱼松、瘦肉、牛腩等，也因地制宜地纳入鱼饼条、南乳五花肉、烧鹅、咸鸡、猪手、牛扒等；在传统的清淡新鲜口味基础上，也适量接纳咸酸浸辣椒、豉油浸指天椒、酸豆角等配料，口味上呈现包容性。

图5-3 养生南瓜濑粉（盈香生态园 供图）

高明盈香生态园特意推出了花香濑粉、玫瑰肉酱濑粉、清香菊花濑粉等融合健康养生理念的新式濑粉。上善濑粉工艺传承馆推出了粉葛濑粉、包公泥鳅濑粉等。在更合镇的九姑娘濑粉店，店主每天选购新鲜的猪红，专门制作猪血灌肠招牌濑粉，深受街坊们欢迎。还有一种南瓜养生濑粉，精选优质新鲜南瓜，烘干做成粉末，按一定比例加入粉中，做成金黄色的南瓜濑粉，色泽鲜亮，健康养生。此外，高明本地的农业发展公司发明制作水果濑粉，并及时申请了专利。诸如此类的创新，扩充了高明濑粉的产品门类，提升了高明濑粉的技艺含量。

一种水果濑粉的制造工艺（发明人：梁国平）①

发明专利申请，申请公布号 CN 107736558 A，申请号：201711328632.0，申请日：2017.12.13

申请人：佛山市高明田丰农业发展有限公司

发明人：梁国平

发明名称：一种水果濑粉的制造工艺

申请公布日：2018.02.27

具体实施方式：为使本发明的目的、技术方案及优点更加清楚、明确，以下列举实施案例对本发明进一步详细说明。

本发明公开了一种水果濑粉的制造工艺，其包括以下步骤：

步骤一，挑选水果、水和粘米。

步骤二，将粘米打成米粉，并将米粉通过90目的筛网进行筛选。

步骤三，将筛选后的米粉和热水通过搅拌机进行搅拌，然后添加打碎的水果进行混合搅拌，得到水果濑粉浆。

步骤四，将水果濑粉浆使用筛子进行拉粉，并将拉好的水果濑粉放进80—100摄氏度的热水当中2—3分钟，形成成型的濑粉再取出来；

步骤五，将成型的濑粉取出来，放到冷水当中冷却后，再用筷子捞取出来。

上述挑选水果的时候需要挑选水分足够、色泽圆润的水果。

经过挑选后的材料更适合制造濑粉，保证濑粉的原材料足够新鲜。将米粉经过90目的筛网进行筛选，使得筛选后的米粉不会具有太粗的颗粒，所以搅拌成米粉浆后，米粉浆足够细腻，拉出来的濑粉外表光滑，粉条内更加细腻。而水果打

---

① 梁国平.一种水果濑粉的制造工艺：CN201711328632.0［p］.2018-02-27.

碎后添加进米粉浆中进行混合，使得濑粉浆具有水果的成分，并且能够染上水果本身所带的色素让濑粉看起来更加美观，这种没有添加任何人工提取色素，所制造出来的濑粉更加天然化，不会对人体产生不好的影响，同时使得濑粉具有的成分更加均衡，具有水果本身所携带的维生素和矿物质等。之后，再将濑粉浆放到筛子内进行拉粉，并且将拉粉投入80—100摄氏度的热水中进行硬化成型，经过2—3分钟濑粉刚好成型，然后捞取出来，放到冷水中冷却，经过这样一热一冷后，濑粉口感爽滑，并且不会破坏掉水果原先所含有的成分。

所述步骤一中的水果为菠萝、火龙果、桑果、无花果、百香果当中的任意一种、两种或者三种以上组合。

菠萝用于制造濑粉，可以让濑粉具有糖类、蛋白质、脂肪、维生素A、维生素B1、维生素B2、维生素C、蛋白质分解酵素及钙、磷、铁、有机酸类、尼克酸等，尤其以维生素C含量最高；有清热解暑、生津止渴、利小便的功效，可用于消解伤暑、身热烦渴、腹中痞闷、消化不良、小便不利、头昏眼花等症；含有一种跟胃液相类似的酵素，可以分解蛋白，帮助消化；含有多种人体所需的维生素，16种天然矿物质，并能有效帮助消化吸收；菠萝蛋白酶能有效分解食物中的蛋白质，增加肠胃蠕动。

桑果作为水果材料制造的濑粉使得濑粉具有生津止渴、促进消化、帮助排便等作用，适量食用能促进胃液分泌，刺激肠蠕动及解除燥热，可增强免疫器官的重量；能增强非特异免疫功能；对体液免疫有增加作用；对T细胞介导的免疫功能有显著的促进作用；具有抗乙型肝炎病毒的作用和抗AIDS的作用，更加适宜女性、中老年人及过度用眼者食用。

无花果作为水果材料制造的濑粉使得濑粉具有健胃清肠、消肿解毒的功效；能够一定程度上治肠炎、痢疾、便秘、痔疮、喉痛、痈疮疥癣，利咽喉，开胃驱虫；而且消化不良者、食欲不振者、高血脂患者、高血压患者、冠心病患者、动脉硬化患者、癌症患者、便秘者更加适宜食用。

百香果作为水果材料制造的濑粉使得濑粉含有丰富的维生素、超纤维和蛋白质等上百种对人体非常有益的元素，而且口感跟香味都美到极致，可以增强人体抵抗力，提高免疫力，尤其小孩吃了更是非常有助于身体发育和生长；含有的超纤维可以进入人体肠胃里面非常微小的部位，进行深层次的清理和排毒，但是又不会对肠壁有任何的损害，有改善人体吸收功能、整肠健胃的功效；可以增强消化吸收功能，使得人体排便正常，不会阻塞肠道，所以对于缓解便秘症状也非常有好处。火龙果作为水果材料制造的濑粉使得濑粉具有较高花青素含量，能有效防止血管硬化，从而可阻止心脏病发作和血凝块形成引起的脑中风；它还能对抗自由基，有效抗衰老；还能提高对脑细胞变性的预防，抑制痴呆症的发生；含一般蔬果中较少有的植物性白蛋白，这种有活性的白蛋白会自动与人体内的重金属离子结合，通过排泄系统排出体外，从而起解毒作用。此外，白蛋白对胃壁还有保护作用；含铁量比一般的水果要高，铁是制造血红蛋白及其他铁质物质不可缺少的元素，摄入适量的铁质还可以预防贫血。

所述步骤三中将粘米粉和热水进行搅拌，搅拌的时间长为5—10分钟；在实际操作中，最佳的选择是6分钟。

采用上述步骤后，经过将粘米粉和热水搅拌，在搅拌5—10分钟的时间当中，能够使米粉充分和水混合，形成米浆，增加米浆的黏度，使得米浆和水果混合后具有足够的黏度，防止拉粉的时候断断续续，导致拉出来的濑粉不够成条。所述步骤三中将水果打碎的时间为3—4分钟。

本发明通过将水果打碎，并且打碎的时间是3—4分钟。所以这点时间足够将水果打碎得足够小，能够与米浆混合后而不会导致濑粉的口感变得粗糙，因为一般的濑粉制作在添加其他成分后，容易导致濑粉的口感变差，而本发明通过将水果打碎到80目筛网都能够通过的程度，相当于与米粉颗粒的大小一致，所以不会造成濑粉口感变差。

所述的水果濑粉的制造工艺，其中，所述步骤三中热水的温度是40℃—60℃；在实际制造的过程中，最佳的热水温度为50℃。

本发明通过将粘米粉和40℃—60℃的热水混合搅拌，使得搅拌出来的米浆不会达到熟透的效果，但是又兼具了一定的韧性，所以濑粉在进行拉粉的时候，能够拉出成条长度的濑粉。

　　所述步骤四中筛子的筛孔直径为 3—5 毫米。通过将濑粉浆放置到 3—5 毫米筛孔的筛子进行拉粉，拉出的濑粉直径也在 3—5 毫米，所以这种直径大小的濑粉吃起来，韧性程度更好，弹性更大，爽滑的程度更好，能够满足食客的口欲。

　　所述步骤五中在冷水中冷却的时间为 1—3 分钟。本发明通过将濑粉从热水捞取出来后，放到冷水中进行冷却，使得濑粉硬化，达到一定的脆度，吃起来的时候，不仅具有一定的韧性，也具有不错的爽脆感。所述的水果濑粉的制造工艺，其中，所述水果濑粉浆的运动粘度为 0.01—0.25 平方米每秒。通过将濑粉浆搅拌至这样的黏度，能够保证拉出来的濑粉粗细均匀，具有良好的韧度。

　　所述步骤一中水果、水和粘米按照重量份数的配比为：水果 10—20 份，水 5—8 份，粘米 50—60 份。选用这样的配比，能够将水果和粘米很好地融合在一起，使得制造出来的濑粉不仅具有原来的口感，还具有水果本身所带有的特性和食用药效，因此，本发明的难点也就是在于如何保证水果濑粉具有原有的口感同时，兼容水果本身带有的特性。

　　本发明通过采用水果、粘米和水作为制造濑粉的原材料，经过上述工艺制造，便可以得到具有口感细腻光滑、爽滑柔韧的濑粉，兼具水果所含有的各种维生素。另外，本发明通过采用合适的水果、粘米和水的配比，使得制造出来的濑粉，不仅具有充足的糖分，也具有人体需求的水果维生素等矿物质，并且口感比起现有的濑粉还多出了水果的味道，吃起来更加香醇、爽滑，味道更好。

　　应当理解的是，本发明的应用不限于上述的举例，对本领域普通技术人员来说，可以根据上述说明加以改进或变换，所有这些改进和变换都应属于本发明所附权利要求的保护范围。

三、经营创新

　　交通便捷带来的食材跨区域，不仅打破了以前的封闭格局，也实现了地方物产和他地物产的自由流通与自由选择。在这个过程中，随着食材的外流，带来濑粉的流动以及濑粉文化呈现载体——餐店的流动。在市场经济的推动下，高明濑粉的经营从以家庭或家族为纽带的小作坊式生产模式逐步向标准化、现代化的管理模式转变。一方面，传统的濑粉小作坊和食铺走向连锁化和规模化，如 1991 年正式开业的江南濑粉店已开设五家分店。另一方面，在政府主导或外来资本支持下走向外驱式发展，濑粉师傅在高明以外的区域如禅城、南海等地开设濑粉店。这些濑粉店在传承老味道的同时，积极改进濑粉制作技艺，扩展濑粉品种，借助"美团""饿了么"等外卖软件，推出线上濑粉点单服务，逐步打开更多年轻人的市场，有的甚至借助发达的物流技术将濑粉干产品送出国门。

高明濑粉行业还渐渐形成了一些有共识性的行规。比如，进入一家濑粉餐厅，首先看其是否具有营业执照、食品经营许可证。食品安全信息公示栏有没有公示人员的健康证、大宗食品（米、油、面等）采购情况以及食品添加剂的使用情况。查看餐厅的量化分级情况，量化分级等级公示采用三个表情进行区分，分别是大笑、微笑、平脸三个表情，代表 A、B、C 级。A 级代表"食品安全状况良好"，标志是"绿色笑脸"；B 级代表"食品安全状况中等"，标志是"蓝色笑脸"；C 级代表"食品安全状况一般"，标志是"橙色平脸"。其中，A 级餐厅的整体环境及食品安全状况最好，消费者可通过寻找笑脸就餐，选择较高级的餐厅，提升就餐质量。此外，选择"阳光厨房"，可以通过透明玻璃设计或者高清视频将后厨的工作人员的食品加工操作情况反映给消费者，消费者自己对就餐餐厅的食品加工操作情况进行监督。

第二节 文旅融合

一、高明濑粉食俗的"非遗化"

民俗即民间风俗，是指一个国家或民族中广大民众所创造、享用和传承的生活文化①。食俗作为民俗中尤为生活化的内容，与一个地区的地理、气候、物产等条件密不可分，也和当地的经济、政治、历史、习俗和社会心理等因素息息相关，因此食俗具有鲜明的地方性和群体性等特征。过去出现在春节、中秋节等固定时节的高明濑粉食俗，正是这样一个包含高明濑粉食物元素和高明濑粉饮食行为的特色食俗，积淀着高明区域民众独特的习俗传统和精神标识，为世世代代的高明人民的生生不息、发展壮大提供了丰富的滋养。在文旅融合的推动下，高明濑粉食俗被整合转换为"高明濑粉节"并进一步遗产化。2008年高明濑粉节入选高明区首批区级非遗名录（民俗类），2009年入选佛山市第二批市级非遗名录（民俗类）。

（一）地域性：标志文化的地方性呈现

高明濑粉食俗在高明区的民众生活中显示了独特的民俗图景与文化功能，是在价值认定程序中被筛选出来的对其具体属地而言具有"标志性文化"意义的习俗传统。民俗"标志性文化"一般具备三个条件：一是能够反映这个地方特殊的历史进程，反映这里的民众对于本民族、

---

① 钟敬文.民俗学概论［M］.上海：上海文艺出版社，1998：1.

国家乃至人类文化所做出的特殊贡献；二是能够体现一个地方民众的集体性格、共同气质，具有薪尽火传的内在生命力；三是这一文化事象的内涵比较丰富，深刻地联系着一个地方社会中广大民众的生活方式①。高明濑粉食俗历史悠久，辐射面广，常被用以彰显高明区域文化的个性和特色，诠释高明本土民众在地方社会变迁中的适应力和创造力，折射出高明民众的文化认同和地方归属感，属于高明的民俗"标志性文化"之一。

（二）活态性：群体参与的综合性传承

非遗的存在形态一般分为单一属性和综合属性两类，其中：单一属性的非遗具有与个人才智紧密结合、个性特征鲜明的特点，它不依赖群体合作，具有独立表现、独立传承的文化属性；而综合性非遗具有群体参与的属性，它依托较广阔的文化空间，文化传承与享用具有广泛的群众性，如节日、庙会、群体仪式活动、社区信仰等这些公共参与较强的民俗活动就属于综合的非遗②。高明濑粉食俗作为综合性的民俗文化，以群体传承的方式实现代际延续。

所谓群体传承，是指一个文化区（圈）或族群、村落范围内的地方民众的共同参与同一种非遗形式或门类，显示一个地方社会共同体的共通文化心理和信仰，所产生的文化认同感和凝聚力反过来促进了这种非遗绵绵不绝的延续。高明濑粉食俗不论是食俗事象（或食俗表现形式）还是食俗活动，都与高明区域内的特定群体、场所和社区息息相

---

① 刘铁梁．"标志性文化统领式"民俗志的理论与实践［J］. 北京师范大学学报（社会科学版），2005（06）：52—58.

② 萧放．关于非物质文化遗产传承人的认定与保护方式的思考［J］. 文化遗产，2008（01）：127—132.

图5-4　高明万人濑粉节之濑粉宴（高明区档案馆　供图）

关，所生成的文化土壤具有集体性、群众性特征，其传承主体以高明特定区域的民众为主。在高明濑粉食俗基础上打造而成的高明濑粉节，多年来在高明区荷城街道冼村的盈香生态园举办，是深受当地民众认同且跨区域传播的大型文旅活动。该活动以濑粉食俗为记忆载体，将当地民众的生活选择节庆化，反过来又促进了本、外地人对于高明濑粉文化的再认同。

（三）世俗性：核心象征的空间化展示

食俗是与特定的文化空间联系在一起的。按照《人类口头及非物质文化遗产代表作宣言》的定义，文化空间"是具有特殊价值的非物质文化遗产的集中表现。它是一个集中举行流行和传统文化活动的场所，也可定义为一段通常定期举行特定活动的时间。这一时间和自然空间是因空间中传统文化表现形式的存在而存在"。而联合国教科文组织颁行的《人类口头和非物质遗产代表作申报书编写指南》（2003）第四条将文化空间解释为"这种具有时间和实体的空间之所以能存在，是因为它是文化表现活动的传统表现场所"。乌丙安也认为，"凡是按照民间约定俗成的古老习惯确定的时间和固定的场所举行传统的大型综合性的民族、民间文化活动，就是非物质文化遗产的文化空间形式"①。依此而言，文化空间作为文化人类学概念，所包括的特定时间、特定地点、传统活动三大要素缺一不可，否则只能划归为日常生活空间和现代一般节日。在亨利·列斐伏尔（Henry Lefebvre）看来，"空间"是一个关系化与生产过程化的动词。也就是说，文化空间必须有其核心象征，它是"一个社会因其文化独特性表现于某种象征物或意象——通过它可以把握一种文化的基本内容"②。具备核心象征的食俗文化空间意味着同时具备可被民众认知的核心象征物、文化价值符号以及共同的集体记忆。不管是延续至今的高明濑粉食俗，还是以文旅融合形式呈现的高明濑粉节，都离不开高明濑粉这个核心象征物。在特定的时节做濑粉、吃濑粉，已成为高明民众共有共享的集体记忆和生活选择，这种记忆和生活洋溢着浓郁的乡土风情，构造出弥散人间的世俗烟火。

（四）资源化：濑粉食俗的持续开发

在从高明濑粉食俗迈向高明濑粉节的开发过程中，一直存在着两个主体：一个是传承主体，即作为群体传承人的区域民众以及精通关键民俗惯习、技艺的个体传承人；一个是保护主体，包括地方政府、地方文

---

① 乌丙安. 民俗文化空间：中国非物质文化遗产保护的重中之重［J］. 民间文化论坛，2007（01）：98—100.

② 关昕. "文化空间：节日与社会生活的公共性"国际学术研讨会综述［J］. 民俗研究，2007（02）：265.

化精英、新闻媒体、社会团体以及商界等。在以非遗传承为目标的非遗保护体系中，各方非遗保护主体以何种方式、多大力度介入民俗类非遗保护，并不存在一个各地通行、诸项适用的模式，每一民俗非遗都有其独特的传承历史以及现状危机。可以肯定的是，民俗类非遗都面临着全球化、城镇化以及工业化的冲击，在生态环境变迁的进程中存在传统弱化、仪式淡化的趋向，因此保护主体的外围式切入作用必不可少。对于高明濑粉食俗的传承以及对于高明濑粉节的开发，前期由政府机构、商业团体等保护主体出力出资、积极干预，以尽可能复归传统为原则，通过组织、策划、建构等方式扶持其活态化存续，在此基础上逐步"还俗于民"，引导民众重构民俗文化认同，使民众在自主、自觉、自愿的基础上传承自身所持有的濑粉习俗传统。

图 5-5　上善濑粉传承工艺馆参加 2016 年高明绿博会

（黎文东　供图）

高明濑粉节作为在遗产语境中经由地方精英与政府部门推动的节庆活动，除了本身具备民间传承基础与活力外，还与其在所属地域的影响力、辐射面、价值感息息相关。高明濑粉节能成为高明区以及佛山市级非遗代表性项目，是由它的"内价值"与"外价值"共同作用的结果。也就是说，它不是以原生态面貌存续于世的"文化遗留物"，而是在"遗产运动"中受到了各种力量的推动。一是依靠市场经济的力量，促进文化旅游与民间濑粉习俗的结合；二是导入政府的力量，促进濑粉文化的再生产与发展；三是引借专家学者的力量，推动民间濑粉历史文化资源的发掘和利用；四是发掘新技术和新工具的力量，催生创新性濑粉文化的形成；五是拥抱本土传统文化的力量，阐述民间濑粉习俗背后的文化意义。由于政府部门和商业资本的介入，高明濑粉节作为节庆活动呈现"资源化"的趋向。

所谓资源化是指高明濑粉节因契合了地方振兴和发展需求，被开发为象征高明城市形象的文化资源与文旅产业，其中以旅游开发最为典型。民俗在现代语境中的重构和利用是无法避免的，"在日本，民俗学的研究对象不仅成为文化遗产，还经常以'地方文化''传统文化'等名义在地方重振、观光，在学校教育中被加以利用。这种动向可以被表述为'民俗的文化资源化'"①。非遗保护走在世界前列的日本已将利用和开发民俗当作民俗保护的必要方式，高明濑粉节的资源化发展也是水到渠成的趋势。就现阶段而言，传承主体与保护主体的各负其责、联动参与，是促进高明濑粉节持续发展的可靠保障。

不管是将高明濑粉节从原生语境中抽离出来，还是通过新的空间转

---

① ［日］才津裕美子，西村真志叶. 民俗"文化遗产化"的理念及其实践——2003 年至 2005 年日本民俗学界关于非物质文化遗产研究的综述［J］. 河南社会科学，2008（02）：21—27.

换使民俗实现新的生成、建构、延展和创新，都不应忽略民俗主体生存状态，隔离民俗主体的情感归属。如高小康所言，"一种民俗经过演变和空间的转换后是否还存在，判断的根据应当是在这种文化赖以产生和存在的社会关系内部……一种文化活动能不能成为一种精神凝聚力量，形成一个群体的文化特征和传统，关键在于能不能使这个群体的人们找到一种共享的、群体特有的归属感，并由此而形成代代传承的对这种身份归属的记忆、自豪和自尊，这就是特定群体的文化认同感。是真民俗还是伪民俗，最重要的差异就是这种群体认同感"。① 那么，颇为理想的方式是，在民众集体认同的基础上，从非遗形态角度进行创新并保持高明濑粉食俗的内核精神和核心要素，达到对其作为民俗类非遗的"生活化保护"。换言之，就是要推进高明濑粉食俗的民众生活空间的拓展与重构，从而在加强民众对濑粉习俗传统的认知、参与基础上，重建濑粉非遗符号文本的意义生产机制，实现高明濑粉食俗在新时代背景中的可持续传承与弘扬。

二、高明濑粉节彰显以旅促文

通过申遗进入非遗名录，可被称为非遗"产品"的认定命名仪式以及遗产身份的转换认同机制。申遗成功，意味着传统民间文化的正式"遗产化"且包孕着一系列复杂的过程。"'遗产化'过程并非如此简单、机械与平滑，它无法脱离政治、经济、全球化的矩阵，更无法摆脱个体、机构、文化群体、族群、国家等遗产主体的牵涉，再加上一拨'虎视眈眈'的利益群体，遗产就成了'被劫持'的符号。"② 从另一

---

① 高小康. 非物质文化遗产与当代都市民俗 [N]. 社会科学报, 2007-05-24 (06).
② 彭兆荣. 遗产学与遗产运动：表述与制造 [J]. 文艺研究, 2008 (02): 91.

个角度看，"遗产化"并非贬义词，因为"由外界进入的非遗保护行为实际上是使传统文化从自在的迷失状态中转向客体化——成为更大范围公众认知和接受的对象。与此同时，这种客体化对于继承者群体来说成为一种镜像体验：从他者的意象表达中反观到自身，通过镜像建构起自己的文化主体意识。从这个角度来讲，'非遗化'的意义在于非遗保护不是简单地保存文化'原生态'，而是使传统文化在当今的文化环境中从自生自灭的自在状态转向公众化和客体化，并且因此而重构传统文化主体性的过程"①。这些基于"文化主体意识"而产生的实践，已逐渐转化为基层政府部门、社区、传承人等对于高明濑粉的自觉传扬。

通过官方的推举、认定和命名，原本被地方民众所创造和共享的文化被"遗产化"之后，从边缘步入中心，得以显示独特的文化价值，并在地位上迅速提升，成为塑造地方形象的文化资源。地方形象由"中心性（centrality）、活力（dynamism）、认同（identity）与生活品质（quality of life）"四个因素决定，其中认同、生活品质两项主要是指美感、历史性与文化设施②。而非遗作为文化资本符号在提升地方形象、促进文化设施建设、改善环境、激发认同等方面的工具作用显然是独一无二的。各地所积极推进的非遗申报，本质上在于使贴上非遗印记的传统资源转化为象征资本，以此希冀获得更充分的认可、聚焦和开发，并借助非遗名片换购其他形式的资本与资源。

在高明濑粉"遗产化"的过程中，地方政府作为申报主体，所主导的重点工作就是以文化搭台与经济唱戏互动的方式来运作非遗，以多

---

① 高小康. 非遗活态传承的悖论：保存与发展 [J]. 文化遗产，2016（05）：5.

② Graham B., Ashworth G. F., Tunbridge J. E.：*A Geography of Heritage*：*Power, Culture and Economy* [M]. London & New York：Arnold & Oxford University Press Inc, 2000：162.

样的市场化手段来证明高明濑粉的"价值"——地方文化名片的品牌价值和拉动经济发展的文化产业价值。"当某项文化或自然遗产出现在人们眼前时，它已经经历了一个复杂的'遗产化'过程，经过了所谓'遗产产业'（heritage industry）运行机制的选择与制作，并已经进入遗产消费的阶段。"① 高明区域各界通过产业化和标准化的方式来推动和传承濑粉的制作技艺，包括组织濑粉技艺比赛，进行濑粉名店评选，举办濑粉论坛，制定高明濑粉的制作技艺标准，扶持濑粉店走规模化、连锁化经营之路，申请高明濑粉的地理标志证明商标等，以凸显和发挥高明濑粉在经济社会发展中的独特文化价值。

图5-6　祥和长久濑粉宴（盈香生态园　供图）

从 2007 年举办"佛山旅游文化节高明篇之绿色美食节"之万人濑粉宴开始，高明区历届政府以及旅游部门依托濑粉文化，以接力的方式，利用节日展经济模式开展城市品牌营销，逐步将高明濑粉纳入全域

---

① 李春霞，彭兆荣. 从滇越铁路看遗产的"遗产化"［J］. 云南民族大学学报（哲学社会科学版），2009，26（01）：29—34.

旅游发展规划及实施范围。濑粉被托举为高明文旅市场的支柱特色产品，而高明濑粉节更是以节庆面貌向外界宣示高明濑粉独一无二的价值魅力。区内外数十万人同一时间、共同参与体验濑粉节，成为创建和睦家庭、建设和谐社会的文化形式，愈发凸显鲜明的社会价值、经济价值和文化价值。高明濑粉节由此成为集品尝濑粉、展览土特产、游高明山水、欣赏传统民间文化活动于一体的大型民俗文化盛会。

特别是高明区委、区政府主要负责人现场制作濑粉（2007 年）、"大世界基尼斯之最"之规模最大的濑粉品尝活动（2009 年）等新闻事件，有力促进了社会各界及本地民众对高明濑粉的关注与认同。每年的濑粉节吸引广州、佛山、江门、肇庆、香港、澳门等地游客以及海外同胞等约 10 万人参加。现将部分有代表性的高明濑粉节（前三届和近三届①）举办情况概述如下：

2007 年 10 月 13 日，高明区举办"高明旅游万人濑粉宴"活动，除品尝濑粉外，还举办大型的高明特产展销会、大型醒狮表演和文艺表演等。来自广州、佛山、江门、肇庆、香港、澳门等地的游客以及海外华侨同胞数万人前来参加。宽阔的荷城常安路食街上，数十家店铺同时开设濑粉宴，客人品尝美味的濑粉，观赏高明民间艺术表演，选购高明土特产，畅游高明山水风光。一路上，游客赞声不绝，个个满载而归。据主办方统计，此次参加濑粉宴的广州、佛山等地游客人数共计 12385人，消费濑粉 4000 多公斤。此后每年的 10 月 13 日，也被确定为"高明区旅游文化节"。

2008 年 10 月 11 日，高明旅游文化节暨旅游项目签约仪式拉开帷幕。12000 多名游客聚集于常安食街，一边吃濑粉，一边现场观看濑粉

---

① 根据近年新冠肺炎疫情防控需要，2020 年及以后高明区未举办大规模线下的濑粉节。

制作过程。与首届高明旅游文化节相比，此次旅游文化节在旅游路线的设计、游客数量、濑粉制作等方面，都有了进一步优化提升。16家旅行社参与设计的旅游线路特色多样，因适应游客需求而受到广泛欢迎，各条旅游线路的报名很快满额。其中，最具特色的"万人濑粉宴"吸引了来自全国各地的上万游客，他们可以在一天的时间内品尝高明特色濑粉，领略高明独特的山水风光，选购合水粉葛、三洲黑鹅、对川红茶、肉粽等高明土特产（图5-7）。

图5-7　濑粉宴展示（盈香生态园　供图）

2009年10月17日，作为佛山市旅游文化节重头戏之一的"万人濑粉宴"在高明区常安路食街举行。长约2千米的荷香路上停满来自"珠三角"地区的旅行社大巴，导游们招呼团员们前往主会场常安食街集中。常安食街上摆满流水席（图5-8），牛腩、叉烧、排骨、烧鹅、牛扒等口味的濑粉应有尽有。此次"万人濑粉宴"吸引来自"珠三角"各地的游客20170人参加，消耗濑粉约10吨，为佛山历届濑粉节之最。

在上海"大世界基尼斯"总部，高明区人民政府获颁"大世界基尼斯之最"——"规模最大的濑粉品尝活动"证书。

图5-8　高明濑粉节一角（高明区档案馆　供图）

2016年9月29日，第十届高明（盈香）濑粉节在盈香生态园内开幕，此次濑粉节持续到10月7日，来自全省各地近万名游客共同品尝高明濑粉。主办方创新推出盈香濑粉干，让濑粉突破地域限制，成为可以携带流转的"手信"。把濑粉条捞出来，在阳光下晒以数日，风干保存，食用时把濑粉干泡软，然后捞起备用即可。现场除了传统的汤食濑粉，还有捞喜、干炒、凉拌等濑粉。在濑粉学堂，盈香行政总厨冼文进传授濑粉制作技艺，市民游客可亲身体验濑粉制作。

2017年9月29日，第十一届高明（盈香）濑粉节在盈香生态园开幕，此次濑粉节持续到10月8日，来自全省各地数千名游客共同参与了盛会。游客除了品尝地道的高明濑粉外，还可以参与盈香生态园六大主题节目。其亮点包括珠江形象大使助阵传播高明濑粉文化（图5-9）；

濑粉学堂开讲，濑粉擂台开吃；红色花海音乐汇，唱响中国梦；水上开心派对，快乐亲子童话剧；中秋灯谜会，田园寻宝藏。南瓜养生濑粉是本届濑粉节的新品种。精选优质新鲜南瓜烘干做成粉末，按一定比例加入粘米粉中做成金黄色的南瓜濑粉，色泽鲜亮，健康养生。推出的旅游"手信"——濑粉干，继续受到游客追捧。

图5-9 第十一届高明（盈香）濑粉节开幕，珠江形象大使（珠江小姐）在濑粉学堂学习濑粉制作（盈香生态园 供图）

2018年9月29日，第十二届高明（盈香）濑粉节在盈香生态园开幕，数千名游客见证了这项地方传统特色小吃的风采，品尝到了牵动着各位食客味蕾的美味高明濑粉。现场一个土灶上架起一口直径3米的大锅，珠江形象大使们和游客一起学习制作濑粉，一起品尝地道的高明濑粉（图5-10）。大锅旁边有两座用2万多个濑粉球搭成的"小山"，分别写着"粉香高明"和"祥和长久"，以此表达对游客的祝福。濑粉节期间，不仅推出花香濑粉、玫瑰肉酱濑粉、清香菊花濑粉等新品种，还举行"濑粉大胃王"比赛等活动。此次濑粉节一直持续到10月29日。

图 5-10 游客在第十二届高明（盈香）
濑粉节上体验濑粉制作（盈香生态园 供图）

2019 年 9 月 29 日，高明（盈香）第十三届濑粉节在盈香生态园开幕，此次濑粉节持续到 10 月 7 日。游客不仅在盈香生态园吃濑粉、赏花海，还可体验凌云飞渡玻璃桥、夏威夷水城、抖乐园等多个"网红"打卡项目。盈香生态园为开幕式准备了 5000 份濑粉干作为伴手礼，同时展示了南瓜、红薯、玉米、蔬菜等 6 个不同口味的濑粉干以及 2 种口味的拌粉酱。盈香生态园作为高明首家研学教育基地，吸引了不少老师、学生来到濑粉节现场开展研学实践课程学习，了解濑粉制作材料和历史，跟随濑粉师傅学习濑粉制作工艺。

高明濑粉节以节庆营销的方式，整体性传播推广高明濑粉食俗与文化，产生了广泛而深远的社会效应，引导更多的人关注濑粉、走近濑粉、喜爱濑粉。在此效应带动下，以高明濑粉为资源载体的民俗旅游应

图 5-11　第十三届高明（盈香）濑粉节开濑仪式

（盈香生态园　供图）

运而生。制作濑粉、品享濑粉宴作为体验性极强的旅游活动，逐渐成为高明乡村旅游乃至全域旅游的重要组成部分，广大游客从参与磨米粉、做濑粉等活动中得到真实生动的旅游体验。同时，通过濑粉图片、影像等资料展示，向游客传递高明濑粉丰富的食俗风情、人文底蕴，传播高明人民勤劳智慧的品格、崇礼尚德的精神。另外，高明濑粉悠久的历史、韧爽的口感、多样的品种、美好的寓意以及濑粉干携带的便捷性等，决定了它可以成为大众喜爱的极具高明文化特色的旅游购物品。因此，通过结合文化旅游产业，将高明濑粉的传承保护巧妙、持续融入旅游经济产业链，可有效塑造"高明濑粉"文化品牌，进而带动高明经济社会的高质量发展。

第三节 精品发展

关于饮食类非遗的保护和发展，博物馆化保护、节庆空间展示、文化旅游开发等模式都有一定的适用性。此外，随着生产性保护在传统手工艺类非遗领域的实践，也有人提出推进饮食类非遗的生产性保护，助推饮食制作技术及相关知识的传承。从饮食文化传承发展的视角来看，现有探讨和研究无法解决这样两个问题：一方面，饮食类非遗在生产性保护或旅游开发中，产生了因商业而模糊文化、因生产而忽略体验、因工业化而迷失味觉记忆等问题；另一方面，当前偏重于对传统技艺的分类研究，对如何实现在传承中凸显饮食文化的多样性，如何展现农耕文明下饮食文化的本土化和地方性重视不足。

食物即生活，人类通过食物可以了解和理解生活。但是生活成了非遗后，它就具有了超越地方的政治、经济、文化等多种价值，成了一种公共的文化资源。以高明濑粉为代表的饮食非遗原本根植于生活，是当地人最熟悉的生活味觉，"遗产化"可能使人们对这种味觉的记忆日益模糊。这种模糊不是食物本身的错，而是在现代化进程中，食品工业化和城镇化冲击带来的品味意识淡化和味觉认同感降低，是全球化所面临的挑战之一。非遗事业本身就是应对全球化挑战的一种策略性表达，但是"遗产化"和非遗保护运动又使得一些非遗偏离自在自为的发展状态。

饮食类非遗具有丰富的情感记忆、地域认同，生产和消费既是其生存的方式，又是其传承方式。若照搬针对传统手工艺类非遗的生产性保护思路，在某种程度上可能会产生这样的倾向：非遗保护将简化为制作技艺的标准化和程序化；非遗传承过分强调有形载体；非遗表述过度功利化甚至附会性。因此，基于对濑粉"嵌入式"存续方式的分析以及遗产化过程中问题的反思，可考虑通过精品化的思路探寻高明濑粉的发展进路①。

一、高明濑粉精品化的前提：明确传承主体和方式

受自然及人文环境的影响，中国有不少地域特色食品，如兰州拉面、沙县小吃、杭州小笼包等。随着城镇化的推进，一些地域特色食品开始随着本地人的流动方向进入了经济水平、城镇化程度更高的城市，并成为在异乡打拼的农民工解决生存问题的基本食物选择或者谋生手段，随着流动范围的扩大，在内外因素的推动下进而形成了全国性的影响力。沙县小吃成为沙县人"走出去"的主要动力和反哺沙县经济的重要支柱，标准化和政府扶持是关键因素。兰州拉面走向全国并较好地保留了特色，族群传统是重要因素。杭州小笼包推广至全国与经济富裕、生活安适的杭州人关系不大，更多是周边江苏、安徽外出打工者出于谋生目的的经济因素。生存的原动力使得这些地域食品大都以物美价廉为定位，满足着在外打工的家乡人以及当地的暂住者和居民的需求，这种定位适用于小作坊模式的杭州小笼包，也适用于已经实现标准化、连锁化经营的沙县小吃、兰州拉面。

但高明濑粉的推广不一定能适用这样的模式。高明人身处广佛都市圈，跨省、出市打工的概率相对偏低，跨省、出市从事濑粉经营的更是稀少。现有经营濑粉的大部分是本地人或周边区县人，借濑粉的名片效

---

① 程小敏，于干千. 饮食类非物质文化遗产的"嵌入式"传承与精品化发展——以云南过桥米线为例［J］. 思想战线，2017（05）：162—172.

应在进行着本地化经营。高明濑粉也在这种本地化经营的氛围中，凝集了本地人魂牵梦萦的原乡美食情结。因此，跨地域空间推广濑粉，易变成一种剥离技艺和记忆的发展模式。精品化是当前高明濑粉传承与发展的理性选择。

（一）精品化是实现高明濑粉传承从自发"嵌入"到自为发展的突破口

从非遗本生态存续的要求来看，"谁"传承以及"如何"传承仍处在不同遗产参与者基于不同诉求的自谋阶段。在高明区内，丰富多样的濑粉有着各自自在的生存状态。作为被关注的传承载体——濑粉店，其对濑粉所阐释或展演的非遗内容，更多的是门店营销的一种方式，传承方面的功能有待凸显；在高明区外，濑粉是便捷营养的地方小吃，生理功能大于文化功能，濑粉则被抽离为符号消费的标签，高明的地域特色通常会被省略或杂糅化。

图 5-12 高明濑粉宴走向精品化（盈香生态园 供图）

作为高明濑粉内核的食材特色和技艺独特性，容易变成标准化的产品控制。濑粉主料晚稻米可以当地化采购，濑粉汤头熬制并无定标。至于丰富多元的配料特色，更易被快餐模式下规模化的农副产品所消解，难以展示制作技艺背后的风土与人情。而以制定标准的方式来维护非遗原真性的做法，在某种程度上受到食品工业化思维的影响，这种思维在本地往往会陷入安全性与口味正宗性的纠葛中。对于正在拓展的外地市场，标准化显得鞭长莫及。

（二）精品化是传递高明濑粉味觉记忆与保存濑粉文化特色的支撑点

从非遗传承传播的内容实质来看，城市化进程和餐店跨越时空的连锁化趋势，使得饮食的传播推广日益扁平化和表面化，地域性特色正在逐渐淡化。尽管饮食载体的跨时空发展，有利于饮食文化的快速传播和交流，但在某种程度上也屏蔽了地域饮食所独有的生态与文化根基。当下消费需求的个性化要求，正是全球化和同质化的时代洪流中对特色的怀念与渴望。

因此，在地域饮食异地化生存趋势下，更需要通过精品化之路来确保高明濑粉的文化记忆、人文内涵与传播地之间，有更为紧密的联系和更为深入的信息传递。否则，当前作为谋生手段的定位和过度依赖濑粉店经营者的方式，将随着功能定位的变化和濑粉经营者的隐退或转型，丧失其蕴含的特色文化内涵。

二、高明濑粉精品化的途径：创意化重构和体验化提升

"当今的中国，每座城市外表都很接近，唯有饮食习惯，楼宇森林之间烹饪的食物和空气中食物的香气，能成为区别于其他地方的标签。"这段摘自纪录片《舌尖上的中国》的旁白从一个侧面说明，当下

饮食文化的传承更多的是根植于乡土、基于地方经验唤醒身体感觉并认同饮食的行为。

在探究高明濑粉精品化发展思路时，基于经营和经济视角的发展和利益诉求也会牵引作为商品的濑粉走上精品化的发展之路。如地方政府和行业精英一直希望实现的打造濑粉品牌、叫响城市名片、吸引旅游客源和创造经济收入的目标，都必须以实现精品化为前提。但这些思路与作为非遗存续的濑粉饮食文化以及实现濑粉文化认同的目标，在当下的语境中还处在博弈状态。高明濑粉的精品化发展，需要从创意化重构、体验化提升两个方面入手。

（一）创意化重构高明濑粉的"地方性"特征

对于以生产和消费为核心的高明濑粉，其内核在于：在稻作文化中实现大米的创意化利用，并通过体现地域气候的稻作农业系统来展示大米制品的创新，再以对本地特色食材的利用，造就包容、丰富的濑粉风味。对高明濑粉而言，对"地方性"的创意创新利用是最核心的技术，保护、传承、发展都必然围绕这一核心展开，这也是解决当前高明濑粉传承中特色被冲淡问题的逻辑基础。

创意化重构实际是以打造和重塑"地方性"这一概念为起点，将"地方性"从遗产基因变为能彰显品牌、实现资本化和市场化的成果。台湾省休闲农业中打造的很多地方特产如"掌生谷粒"等，都被定位为文化创意产品，将"在地化"作为核心附加值进行售卖，"有乡下味的米"即明星产品之一。

在高明，对濑粉文化的传承与发展，如建设濑粉传承工艺馆、打造濑粉节等举措，可考虑以创意化的思路来推进。在技艺传习和展示中，强化濑粉文化元素的提炼、创意设计和符号价值运用，设计濑粉的

"CI 产品"（具有地域和食物双重视觉识别的系列载体）并开发周边衍生产品和"IP 产品"（实现濑粉历史文化内涵知识产权化的产品）；在传播濑粉文化时，将氛围集中营造和主题随处渗透结合，以饮食景观化的方式彰显非遗的地域特色，以增强对濑粉文化的认同。以创意化重构为基础，形成创意品牌和认同强度后，再以品牌化和标准化双管齐下的方式来进行跨区域传播。

（二）体验化提升高明濑粉的"真实性"特征

非遗的价值包括过去、现代和未来，特别是经过了带有某些政治和经济博弈的"遗产化"过程，使得非遗"真实性"存在着客观性真实、解释性真实之分。因此，在全球化席卷的当下，一成不变的真实性只能存在于真空和静止状态下。从生产的角度来看，技艺在漫长历程中的继承是不断变化和革新的；从消费的角度来看，味觉的记忆既可以是停留在唤醒身体特殊感受的某一刻，又可以是执着于某一口味的偏好，甚至在跨地域的饮食文化生产中，原真性环境和服务比原真性食物更加重要。

对于"真实性"的传承是通过体验化提升的方式，允许技艺在可变范围内通过创新实现对味觉记忆的唤醒，进而借由身体感官形成文化认同。体验化提升方式的核心理念在于文化，通过日常细节来安抚人心和达成共鸣，将一切可以调动个体各感觉器官的元素、符号、氛围、情境都聚焦濑粉，使"吃"濑粉的过程和品尝濑粉给体验者留下深刻的印记，进而留下这一体现"原真性"的味觉记忆。对于高明濑粉而言，一方面，善于运用高明地域元素与濑粉的关联性，调动和利用能引起共鸣和共情的内容，在对地方性进行文化赋值的前提下，将消费濑粉打造为一种自然、乡土、温馨的生活方式，切中城市人群逃离现实的情怀诉求。另一方面，借旅游产业转型升级的契机，转变过去将濑粉作为"旅游体验中的饮食"视角，形成以体验濑粉为中心的"美食旅游"视角，利用旅游消费的现场性来充分展示濑粉从技艺到记忆的互动体验，从而呈现立体化的"真实性"。

图 5-13　濑粉师傅指导珠江形象大使开粉（盈香生态园　供图）

在快速城市化的进程中，高明濑粉一方面以非遗的代表性身份强化着"传承文化"的责任，另一方面以"生活"的自然状态延续着"文化传承"的规律。不管是"传承文化"的身体力行，还是"文化传承"的演进，在当下社会转型的语境和实践中，高明濑粉都面临着三个问题：外化于形（技艺）与内化于心（记忆）的平衡问题，传承过程"在地化"与"跨地域"的选择问题，以及发展过程"变"与"不变"的界定问题。化解这些问题，可以把握高明濑粉与生产生活"嵌入"的内在传承规律为前提，以激活高明濑粉的当代价值为目标，实施高明濑粉的精品化发展。

　　精品化思路以创意化重构、体验化提升为两翼，落脚点在于实现高明濑粉文化多元价值的创新性发展、创造性转化。在政府扶持、资本介入、商业推广等力量的助推下，高明濑粉已朝着这个方向的道路上行进，相关业态尚处于模塑的过程当中，但步伐已迈出，前景可期待。

主要参考资料

[1] 鲁杰，罗守昌．高明县志 [M]．广东历代方志集成影印本．广州：岭南美术出版社，2009.

[2] 祝淮，夏植亨．高明县志 [M]．广东历代方志集成影印本．广州：岭南美术出版社，2009.

[3] 邹兆麟，蔡逢恩．高明县志 [M]．中国方志丛书影印本．台北：成文出版社，1974.

[4] 高明县地方志编纂委员会．高明县志 [M]．广州：广东人民出版社，1995.

[5] 佛山市高明区档案局，佛山市高明区委党史研究室，佛山市高明区地方志办公室．高明美食 [M]．广州：羊城晚报出版社，2015.

[6] 谢中元．走向"后申遗时期"的佛山非遗传承与保护研究 [M]．广州：中山大学出版社，2015.

[7] 程小敏，于干千．饮食类非物质文化遗产的"嵌入式"传承与精品化发展——以云南过桥米线为例 [J]．思想战线，2017（05）．

[8] 苟青松，周梦舟，周坚，等．米粉专用米研究进展 [J]．粮食与油脂，2018，31（09）．

[9] 程瑶．活态遗产的过程性保护——以代表作名录中饮食类非遗项目的保护措施为例 [J]．民族艺术，2020（06）．

[10] 林志捷．论中国米粉起源于江西 [J]．地方文化研究，2021

（02）.

　　［11］梁少香. 西安濑粉 风味独特 ［N］. 佛山日报, 1992-11-03（02）.

　　［12］梁兰兰. 稻谷储存时间及品种对米排粉品质影响机理研究［D］. 广州: 华南理工大学, 2010.

后 记

　　本书于 2021 年在佛山市高明区文化广电旅游体育局的指导支持下，由高明区博物馆（高明区非物质文化遗产保护中心）立项启动，经过较长时间的资料查阅、田野调查、文字编撰等过程，终于付梓面世。

　　编撰过程中，得到了高明区文化广电旅游体育局主要领导的大力支持。佛山市博物馆原副馆长、市非物质文化遗产保护中心原副主任、研究馆员关宏，中山大学艺术学院副教授、硕士生导师孔庆夫，佛山科学技术学院人文与教育学院执行院长、教授刘永峰等专家，以及高明濑粉传承人谭玩芬（区级代表性传承人）、陈建宁（区级代表性传承人）、区合娥、伍锦强等师傅，给予很多指导和帮助。为此，要向各位领导、专家以及传承人表示诚挚的感谢！

　　广东盈香生态园、上善濑粉工艺传承馆、藏宝田濑粉店、江南濑粉店、芳味濑粉店、靓记濑粉店、坚一濑粉店等单位，在资料查阅、田野调查过程中给予了无私的协助。相关调研获得 2022 年佛山科学技术学院第一批智库培育项目"高明濑粉传承与发展研究"（编号：01ZK220406）资助，阶段性成果在《佛山日报·理论周刊》上发表。在此，一并致以深深的谢意！

　　在编撰过程中，团队查阅了大量米粉、濑粉研究论著，对相关成果有所参考，特在书末列出主要参考资料，以致谢忱。当然，也结合历史文献和田野调查，提出了不少新观点和新表述。高明濑粉作为涵盖制作

145

技艺、食俗、节庆、文旅等诸多元素的地方标志性饮食文化，内涵丰富，价值突出，可叙述空间广阔。由于时间紧凑，水平有限，书稿难免存在疏漏不当之处，敬祈专家、读者批评指正。

编著者

2023 年 6 月

附录一

有关文献记录摘编

1. 出版物、准印资料中的高明濑粉记录摘编

序号	原文摘录	来源
1	深圳水水库工程管理处开办了一间米排粉加工厂，月产4000公斤米濑粉供应市场，解决了管理处8个职工家属就业。	高明县水利电力局，高明县志总编辑室. 高明县水利志［G］. 佛山：高明县志总编辑室，1989.
2	在传统节日中，本县农家多自制备一些传统小吃以应节或互赠亲友。较普遍的有濑粉——以大米粉制成线条状的粉条，配以汤水及姜、葱、酪菜、鲜肉、蛋皮丝或炸花生、芝麻佐食。	高明县地方志编纂委员会. 高明县志［M］. 广州：广东人民出版社，1995.
3	1944年九十月间，在小洞成立高明县二区人民行政委员会，有几百名代表参加庆祝大会，黎丽英、阮香等发动妇女献出米粉、柴草，通宵达旦制濑粉招待代表。大会粮食由"公尝"筹集，游击队在麦边村驻扎。	中共高明市委党史研究室. 高明党史资料第二辑［M］. 佛山：中共高明市委党史研究室，2001.

续表

序号	原文摘录	来源
4	中秋节农历八月十五日中秋节，为本区盛行的传统节日。不论城市、乡村均欢度此节日。1950—1980年，农村过此节日大多是中午濑粉，或打松糕、芋团，晚餐杀鸡杀鸭。	佛山市高明区荷城街道办事处，佛山市高明区史志办公室．高明市三洲区志［M］．佛山：佛山市高明区史志办公室，2008．
5	2009年10月17日，由佛山市高明区人民政府主办的旅游文化节暨第三届"万人濑粉节"活动在佛山市高明区举行，20170位游客同时品尝。	上海大世界基尼斯总部．大世界基尼斯纪录大全精选11［M］．上海：文汇出版社，2010．
6	高明地方小食多以米粉制作为主，在传统节日或喜庆活动，农户一般都自制备一些传统小食以应节或赠送亲友，较普遍的有濑粉、大团…… 传统小吃濑粉以大米粉制成粉条，煮熟后，配姜、葱、肉、蛋丝、油炸花生、芝麻、汤水佐食。高明围田地区的喜庆、传统节日或有亲朋光临都有煮食濑粉的习惯。	佛山市高明区地方志编纂委员会．高明市志（1981—2002）［M］．广州：广东人民出版社，2010．
7	截至1989年底，全市经营地方传统食品款式上百个。其中有……高明的濑粉、大团等。	佛山市地名志编纂委员会．佛山市志（1979—2002）［M］．北京：方志出版社，2011．

续表

序号	原文摘录	来源
8	广东濑粉有四大流派：东莞厚街、中山三乡、佛山高明和广州人最熟悉的西关。前三者的汤底都是由猪骨调出来的上汤，粉质均有爽滑、细长弹牙的优点，唯独广州西关自成一格，采用稠绵浓香的米浆汤底，粉质则以软滑粗短为特色。在佐料上，四大流派也各有特点：佛山高明采用肉丝、大头菜丝及姜丝……	闫涛着．闫涛带你100元吃遍广州［M］．北京：光明日报出版社，2014.
9	地区特产：盐步秋茄、罗村竹笋、里水金丝虾、佛山柱侯酱、和顺虾、三水黑皮冬瓜、乐平雪梨瓜、三水禾花雀、高明濑粉……	陈少勇．粤式风味家常菜制作［M］．北京：旅游教育出版社，2014.
10	现在，其已形成几个著名的品种，即高明濑粉、中山濑粉、厚街濑粉、恩平濑粉、马冈濑粉等，其中尤以高明濑粉和中山濑粉享誉全国。	《行摄旅途》编辑部．醉美小吃：中华小吃品鉴全攻略［M］．北京：旅游教育出版社，2014.
11	东莞后街、佛山高明、中山三乡、广州西关号称广东四大濑粉。	LONELY PLANET．广东［M］．北京：中国地图出版社，2014.
12	濑粉是当地一种受欢迎的食品，节日、喜事食濑粉也是当地的一种传统习俗。在高明，如果没有吃过一碗地道高明濑粉的人，严格来说不能称为"高明人"，高明濑粉，几乎遍及高明的每个角落，成为高明的独特风味小吃。	佛山市高明区档案局，佛山市高明区委党史研究室，佛山市高明区地方志办公室．高明历史文化系列丛书：高明美食［M］．广州：羊城晚报出版社，2015.

序号	原文摘录	来源
13	让年轻人认识濑粉,喜欢濑粉,把濑粉文化传承与发扬光大。这一天,来自"珠三角"的江门、中山、肇庆、广州、东莞等地近1000名游客和本地五区的数千市民们同时有滋有味地品尝了高明濑粉。	佛山市高明区档案局,佛山市高明区委党史研究室,佛山市高明区地方志办公室.高明历史文化系列丛书:高明名胜[M].广州:羊城晚报出版社,2015.
14	高明濑粉节则举办于高明盈香生态园,其他的诸如烧番塔之于仙岗村、松塘村,舞火龙习俗之于上元村,无不是在当地深受认同又跨区域传播、群体性传承的文化事象与活动。它们维系于本地民众代代相承的集体记忆,又促成了民众对于地方区域文化认同的再联结。	谢中元.走向"后申遗时期"的佛山非遗传承与保护研究[M].广州:中山大学出版社,2015.
15	主要名优土特产有石湾公仔、顺德香云纱、高明合水粉葛、三水黑皮冬瓜、乐平雪梨瓜等国家地理标志产品,以及盲公饼、酝扎猪蹄、儿江双蒸酒、大良双皮奶、高明濑粉等。	珠江三角洲城市群年鉴编委会.珠江三角洲城市群年鉴2016[M].北京:方志出版社,2016.
16	如高明的濑粉节,吴川的月饼节,这是有当地特色的美食节……	吴琛海.宏文涛声[M].广州:羊城晚报出版社,2016.
17	比如盈香生态园将高明最具特色的饮食文化代表濑粉纳入旅游范围,打造了濑粉节,收获了良好的经济与社会效益。	夏金旺.2015—2016佛山文艺理论双年选[M].广州:花城出版社,2017.

续表

序号	原文摘录	来源
18	我第一次知道，桌上的濑粉，对于很多高明人来说，便是家乡的味道；也第一次知道，这里还有着那么多顶尖的企业，创造着一座城市的蓬勃生机。	黎颖卉. 用温柔在书桌挥墨［M］. 广州：华南理工大学出版社，2018.
19	到了高明，不吃上一碗地道濑粉，那你就不算真正来过高明。一碗上好的濑粉，面条长，入口软、韧、爽，配上用猪肝、瘦肉、骨头等慢火细熬的清汤，撒上一把花生米，少许蒜蓉、葱花姜丝色香味俱全，吃下令人齿颊留香，回味无穷。	佛山市南海区旅游局. 粤桂黔高铁旅游手册［M］. 广州：广东旅游出版社，2018.
20	濑粉早已是岭南名食，东莞烧鹅濑、佛山高明濑粉闻名海外。粤港澳大湾区东西两岸，早已通过一碗濑粉紧密相连。	广州市人民政府新闻办公室. 广府和味［M］. 广州：广州出版社，2019.

2. 各类报纸中的高明濑粉记录摘编

序号	原文摘录	来源
1	西安濑粉以其独特风味，享誉内外，高明县内许多乡镇设有濑粉档，食者众多，只要付出一元几角，就能美滋滋地品尝到一碗回味无穷的濑粉。	梁少香. 西安濑粉 风味独特［N］. 佛山日报，1992-11-03（A02）.

续表

序号	原文摘录	来源
2	说到高明小吃，当仁不让的肯定是高明濑粉，濑粉通常是用手工制作而成，加入老火熬的猪骨汤或鸡汤（农村多以鹅汤为主）……几乎每一个高明人都有濑粉情结，包括我在内。因为在小时候，濑粉是幸福、快乐、热闹、喜庆的代名词，在那个物质不是那么充裕的年代，只有过年、过节或是嫁娶、新居入伙、寿筵才有濑粉吃。通常吃濑粉的时候，按照家乡的风俗，主人家还会放一串鞭炮。吃着可口的濑粉，听着清脆的鞭炮声，看着熙熙攘攘的人群，真是眼、耳、口、鼻的多重享受，那是我们小孩幸福而快乐的时光呀！	高明濑粉甲桂林［N］.佛山日报，2007－02－27（C08）.
3	据此次"万人濑粉宴"的主办方、高明区旅游局负责人廖冠明称，高明濑粉已有200多年历史，旅游部门已决定近期邀请食品专家对高明濑粉进行调研，研究如何通过技术改造、深加工，将濑粉制作成不易变质的商品。另外，有关部门已在申请将每年的10月13日定为高明的"濑粉节"。	李传智.万人吃掉4吨濑粉［N］.广州日报，2007－10－15（A43）.
4	在制作和配料上，广东濑粉与桂林米粉、云南米线等同类知名小吃不相上下。由于濑粉的美味与知名，如今，一些宴席上少不了以濑粉为主题。去年10月份，高明荷城就举行了一个"万人濑粉宴"。	黄慧.高明特色：濑粉宴［N］.广州日报，2008－04－09（A37）.
5	在高明大头菜很有"地位"，是人们餐桌上的"常客"。大头菜是高明濑粉不可缺少的佐料。	高明濑粉里的神秘大头菜［N］.佛山日报，2008－08－16（B01）.

续表

序号	原文摘录	来源
6	高明将举办 2008 年佛山旅游文化节高明篇系列活动。据了解，此次活动以"绿色高明"为主题，围绕传统食品"高明濑粉"展开，并将在下月 11 日举办"高明濑粉节"系列活动。	高明濑粉成主角 [N]. 南方日报，2008-09-12（C04）.
7	长长的濑粉放进装着浓浓猪骨汤的碗里，表面加上几块牛腩，拌上葱末、花生等，美味无穷。濑粉作为高明"土特产"，备受市民青睐。	晚上拜师学做美味濑粉——区合娥濑粉店备受市民青睐 [N].佛山日报今日高明，2009-03-18（D02）.
8	那么，濑粉业如何突破呢？一是成立高明濑粉协会，开设"濑粉发展论坛"，通过濑粉协会发展濑粉店联盟，把合作模式开放，让地方美食加入，这样就解决了规模化的问题。二是政府（或风投）注资扶持，解决公司化、注册商标、濑粉标准化、产品研发、加盟模式、品牌形象设计、合作推广等问题。通过规模升级，高明可以产生一间有规模的饮食连锁店品牌公司，通过加强濑粉产品的开发，推出一些新口味。当濑粉店的品牌化、经营品种少和盈利水平低的问题都解决了，濑粉店的竞争力就会提高，联盟的品牌管理公司及成员就会有信心通过加盟模式发展连锁店，一起把濑粉的生意做得更大。	如何让高明濑粉声名远播 [N]. 佛山日报，2009-10-21（A03）.
9	家住高明荷城显洲村的岑琼珍一家正吃濑粉，冬至，有人吃汤圆，也有人吃饺子。但高明人偏偏喜欢吃濑粉。昨日冬至，高明的濑粉磨粉厂和濑粉店生意火热。	冬至吃濑粉 但愿人长久 [N]. 佛山日报今日高明，2009-12-23（D03）.

续表

序号	原文摘录	来源
10	白色的碗中装着晶莹的濑粉,加上各色菜品的点缀,甚至细到一根青菜的摆放方向都一丝不苟。昨日,"高明濑粉"特色名店评选活动进行现场制作比拼,28家店家架起锅炉濑起独具个性的濑粉。	高明10家濑粉特色店出炉〔N〕.佛山日报,2011-09-30(A10).
11	濑粉入口清香爽滑,高汤的香味均匀地吸附在每一条濑粉上,用几个字来形容:软、韧、爽、滑。濑粉比过桥米线更爽滑、韧度大,而且有回味,不会有腻味感。——邓云龙(云南人) 最传统的濑粉是花肉和鱼饼丝,配上姜丝、葱花、花生和鸡蛋饼丝,现在鸡蛋涨价太厉害,在濑粉店再也吃不到鸡蛋丝了。——徐金林(高明荷城人)	李喆.一碗濑粉 两百年后齿留香〔N〕.南方都市报,2012-05-31(B01).
12	时至今日,无论是在乡间农家,还是在城市食肆,最地道的高明濑粉还是出自手工。与中山、东莞等地的濑粉不同,高明濑粉从食材到配料的选择都更为"乡土",更朴实无华。姜葱蒜经过油炒制,配合头菜丝、蛋丝、鱼饼丝、猪肉、花生米等辅料的特殊香味,一起加入浸在猪骨汤的濑粉中,成就了"八宝濑粉"的美名。高明濑粉以它的别样风味吸引着慕名而来的四方"粉丝"。	陈昕宇,杨博.高明濑粉:就想"濑"着你〔N〕.广州日报,2012-07-16(A16).
13	穿有几个小孔的铝皮壶内装满了拌好的米粉、生粉浆汁,濑粉师傅将其倒进大水锅中煮熟后,香滑的濑粉就做好了。高明荷城街道显洲村的村民食濑粉过冬至。	高明濑粉 最是劲滑好味道〔N〕.佛山日报,2013-03-09(B02).

154

续表

序号	原文摘录	来源
14	曾几何时，在佛山市高明区乡间农田，每逢喜庆日子，家家户户都爱吃上一碗筋道可口的高明濑粉。这个国庆期间，高明濑粉节在高明掀起万人为濑粉狂欢的盛会，现场更举办与市民一起制作濑粉的传承手艺活动，吸引了众多市民。然而，家家户户同时做濑粉的光景已不复返。现在会做的只剩下年过半百的人，年轻人寥寥可数。	潘慕英.500年高明濑粉还能"濑"多久？[N].广州日报，2013-10-05（A04）.
15	逢年过节或喜庆的日子，高明人餐桌上少不了濑粉，多少年来，高明濑粉作为传统食品成为高明人饮食习惯不可或缺的一部分。高明濑粉的"濑"字，取义于"水从细沙上流过"。	濑粉［N］.佛山日报今日高明，2013-10-11（D03）.
16	昨日，江南濑粉店店员展示制作完毕的新鲜濑粉。一碗以肉丝、花生等为佐料的濑粉风味十足。	高明濑粉欲"跳"国标［N］.佛山日报，2014-04-02（D03）.
17	濑粉是高明区的传统美食，但是目前会制作濑粉的人已经不多。近日，在高明本地论坛上，一则《高明本土姑娘会濑粉制作的多吗？》的帖子引起了网友关注。	高明姑娘，你会做濑粉吗？［N］.佛山日报今日高明，2014-10-15（D03）.
18	时至今日，高明濑粉是少有的未出现大嬗变，却依然受人喜爱的传统食物。尽管变化不大，但区内不同地域的濑粉吃法还是各具特色，皆与当地的风土人情密切相关。尤其是在配料上，总的来说，经油炒制的姜葱蓉是"标配"，细微区别体现在其他配料上。例如，在西安、三洲等水乡，渔获丰富，濑粉配料中常有鱼肉丝。而地处山区的明城、更合一般不采用鱼肉而用猪肉。	黄文婷.稻米与温度的调和滋味——高明濑粉陪伴一代代高明人走过流金岁月［N］.佛山日报今日高明，2014-09-16（D04）.

续表

序号	原文摘录	来源
19	网友"市长来巡查"：濑粉是高明的传统，如果连我们高明自己人都不会做，是说不过去的，传统的东西还是要学的，大家赶紧学起来，一起制作濑粉。	本地姑娘赶紧学做濑粉吧！［N］.佛山日报今日高明，2014-10-21（D02）.
20	每年10月13日，高明区便会举行濑粉节。截至2014年，已经成功举办了八届濑粉节。高明濑粉的"濑"字，取义于"水从细沙上流过"这个动作。相传，高明濑粉的制作工艺最初是由瑶人传给汉人的。	高明濑粉［N］.南方农村报，2014-10-30（21）.
21	12月22日是冬至，作为中国农历的一个传统重要节气，在广东甚至有"冬大过年"的说法。在高明，本地的冬至习俗并不算多，大多为中午吃濑粉。	合家吃濑粉最忆饺子香［N］.佛山日报今日高明，2014-12-23（D02）.
22	濑粉是高明的特色美食，而古语也有云"无鸡不成宴"。好的手工濑粉要配上好的汤底才能相得益彰，肉香鲜美的鸡汤是吃正宗濑粉的最佳搭配。	濑粉鸡［N］.佛山日报今日高明，2015-02-06（D03）.
23	吃过地道高明濑粉的人评价都不会太差。这次推荐是西岸金丰农庄的濑粉。正宗的濑粉用晒干的粘米粉做原料，用特制的濑粉盒做工具制作。这家的濑粉依然用传统的方式制作。	高明濑粉［N］.佛山日报，2015-08-21（C02）.

续表

序号	原文摘录	来源
24	有良好口感，有大批高明本地手艺人才，还有靠近"珠三角"、经济发达的高明，也正处在美食文化受到推崇的、大力发展旅游美食产业的"佛山时代"。这就是高明濑粉，可谓"天时地利人和"。	刘云胜. 高明濑粉的传承危机——有 500 年历史的高明濑粉面临困境，各方建议破局［N］. 珠江商报，2015-10-17（A05）.
25	昨天下午，高明江南濑粉店的老板区冠成告诉记者，江南的濑粉在顺德受到的追捧远远超过预期，这次预计每天卖到一千碗到两千碗。	王晓琦. "高明濑粉"第三次相约［N］. 珠江商报，2015-10-28（A04）.
26	大年三十等传统大节，高明人的早、中餐无一例外，濑粉吃足。而遇上喜酒喜庆日，中餐又是另一番浩浩荡荡的濑粉宴，大盆大盆的濑粉被人"摆上台"，亲人们拿起祠堂常用的大碗……	高明濑粉［N］. 南方电网报，2016-01-08（A07）.
27	荷城文明路，装修得璀璨夺目的服装店，形形色色的奶茶店和人流密集的大型商场都在这里。而甘伯贤的濑粉店就隐藏在这些灯火辉煌的建筑背后，面向小巷的招牌由于风雨早已褪色。濑粉店已经在百卉街扎根了十年，而它的主人甘伯贤已经和濑粉结伴同行了 27 年。	27 年只为做一碗更好吃的濑粉［N］. 佛山日报今日高明，2016-08-12（D03）.
28	濑粉是广东人餐桌上一道最常见的早餐，而高明濑粉因其更软滑和可口而区别于其他地区的濑粉。适逢国庆黄金周，第十届高明盈香万人濑粉节于盈香生态园举办，9 月 29 日正式开幕。	国庆节去高明盈香生态园吃濑粉吧［N］. 西江日报，2016-09-26（B02）.

序号	原文摘录	来源
29	9月29日上午，2016年高明（盈香）第十届"万人濑粉节"正式拉开序幕。据了解，今年的濑粉节，高明正式推出可以储存方便携带的"濑粉干"。据了解，高明濑粉是高明最著名的一道地方特色小吃。	张闻．佛山高明濑粉节开幕——推出可储存方便携带的"濑粉干"［N］．羊城晚报，2016-09-30（A16）．
30	2017年高明区首届"绿色食材节"将在泰康山景区举行，主办方邀请了4名男"濑粉西施"进行才艺大比拼。 参赛者必须展示高明濑粉最传统的工艺与工序，只有将每一个工艺的工夫做细，才是一个真正地道的高明男"濑粉西施"。高明濑粉的"濑"字，取义于"水从细沙上流过"这个动作，粉浆从濑粉容器的孔中自然均匀流出，流到水温接近沸腾的热水中，濑成粉条。濑粉的粉质细腻光滑、口感爽滑柔韧也是重要的评比标准。	张闻，曾令华．男"濑粉西施"竞技［N］．羊城晚报，2017-03-15（A14）．
31	高明濑粉是一道以晒干的粘米粉为原料，辅以葱、姜、蒜、花生、头菜丝、鸡蛋丝，再配以肉丝或煎香的鱼饼丝制成的民间小吃。上好的濑粉，面条长，入口软。	高明濑粉［N］．佛山日报今日高明，2017-04-20（D04）．
32	昨日，位于高明荷城文明路的江南濑粉店内，江南濑粉店创始人区合娥在烹调濑粉。	讲好濑粉故事 擦亮濑粉品牌［N］．佛山日报今日高明，2017-05-17（D03）．
33	作为高明的地方特色，濑粉和角仔成了流传数百年的特色食材。	张闻，陈荣昌．高明濑粉角仔有了制作标准［N］．羊城晚报，2017-05-17（A18）．

序号	原文摘录	来源
34	濠基村村民听闻旅马来西亚华侨谭国鸿即将回国的消息后纷纷回乡,在村中巷道贴上华侨回家寻根的消息,并燃放鞭炮,设好丰盛濑粉宴。上百名村民共同迎接亲人回乡。	华侨寻根问祖村民濑粉款待——明城镇濠基村洋溢浓浓乡情[N].佛山日报今日高明,2017-10-20(D02).
35	近日,一场感恩濑粉宴活动在位于高明大道的公租房小区举行。小区的"特殊"居民不仅能品尝濑粉,还能听志愿者带来的免费讲座。	"特殊"居民品感恩濑粉宴——高明公租房小区举行感恩濑粉宴活动[N].佛山日报今日高明,2017-11-09(D03).
36	"正宗的高明濑粉,选用的必定是晚造的合水黄谷米。"陈建宁说,黄谷米是下半年才种植的大米,夜间发育时间较长,种植时间超过120日,因此黏性尤其强,适合做出弹牙、有口感的濑粉。 伍锦强说,和粉是做濑粉最关键、也最难的一步。有经验的师傅才懂得用手辨别和粉时哪些是熟了的粉,哪些是生粉。只有全部搅拌变熟,才能继续下一个步骤。 至今,高明濑粉长长久久、如意吉祥的寓意已经广为人知,它也借助农博会等品牌活动成功畅销至顺德、香港等多地。在高明,至今保留着过年过节、喜庆节日吃濑粉的习俗。今年,高明农村刮起的姐妹聚会风,也都用濑粉来庆祝回乡的喜悦。而对于他乡的高明人来说,他们则会选择购买濑粉干不时煮上一碗,以此来怀念家乡的味道。	濑粉——高明人舌尖上的故乡[N].佛山日报今日高明,2018-01-12(D03).

序号	原文摘录	来源
37	2018 年第十二届高明（盈香）濑粉节在盈香生态园开幕。一个直径 3 米的大锅不停地濑出了上千斤濑粉，数千名游客品尝到了这项地方传统特色小吃。	马俊贤 . 高明（盈香）万人濑粉节开幕［N］. 广州日报，2018 - 09 - 30（A08）.
38	2019 年第十三届高明（盈香）濑粉节在盈香生态园开幕，吸引了大批游客前来品尝丰盈润滑的高明濑粉，学习传统制作工艺。	尝濑粉美味 学传统手艺［N］. 佛山日报今日高明，2019 - 09 - 30（B01）.
39	高明公租房小区二期举行"希望之家"重阳濑粉宴活动，70 多名居民同吃濑粉。	名厨现场献艺精心烹制濑粉［N］. 佛山日报今日高明，2018 - 10 - 17（C03）.
40	"要做出一碗好吃的濑粉，关键在于汤底，我们一般会放足料，熬上两个小时。"区姨（区合娥）说。对于高明人来说，传统的高明濑粉都是手工濑粉，再加入猪骨汤，配料则根据自己喜好加，可配上蛋丝、半肥瘦肉、姜、榨菜、花生等。一碗好的高明手工濑粉，口感软、韧、爽、滑，汤底浓郁，让人回味无穷。如今，高明大街小巷开了不少的濑粉店，大多是小店经营，但对食客来说，"老字号"当属区姨经营了约 30 年的江南濑粉店。	黎翠怡，冯慧雯 . 市井小吃的饮食文化［N］. 佛山日报今日高明，2020 - 03 - 20（C03）.

续表

序号	原文摘录	来源
41	濑粉的制作，在高明乡间流传已有数百年。高明"六山一水三分田"的地理格局又促使濑粉在传承的过程中不断融入来自山野或者河边的特色食材，并衍生出不同的象征意义。如更合一带坚持以晚造米来做濑粉的原材料，如秀丽河沿岸的村民每年端午举办游龙盛会，都会将濑粉作为对扒丁们的最高犒赏。这样的坚持，别样的意义，使得濑粉经过历代一双双手的改进和完善，造就了今日高明濑粉韧劲弹牙且鲜嫩爽滑的独特秉性。	杨立韵，韦文毅，路帅．搓—拉—濑 那筋道，从过去到现在[N]．佛山日报今日高明，2020 - 04 - 25（C04）．
42	陈建宁不停地用力搅拌水与粉，米浆在搅拌后变得越来越黏稠。 陈建宁用七孔濑粉瓯沿锅来回绕圈，米浆从孔中"濑"出，落入沸水中。	冯慧雯．传承濑粉工艺 留住家乡味道[N]．佛山日报今日高明，2020 - 06 - 09（C03）．

3. 各类期刊中的高明濑粉记录摘编

序号	原文摘录	来源
1	逢年过节或喜庆日子，高明人餐桌上少不了濑粉。多少年来，高明濑粉作为传统食品成为高明人饮食习惯中不可或缺的一部分。在高明区荷城有很多濑粉店，多是小店经营，以早餐为主。品种以传统为主，用手工做的濑粉，加入猪骨汤，配料一般用葱、姜、蒜、花生、头菜丝、鸡蛋丝，再配以肉丝或煎香的鱼饼丝。相比烧鹅濑，卖相普通，但朴实有内涵。	广东名优特产推荐[J]．源流，2010（24）．

序号	原文摘录	来源
2	我的家乡在广东高明，是广州的后花园。我喜欢家乡的传统特色小吃——濑粉。一碗上好的濑粉，粉条长，入口软、韧、爽、滑。配上猪肝、瘦肉、骨头等用慢火细熬的汤，撒上一把花生米，少许蒜蓉、葱姜花，再放些带有高明特色的烧鹅、鱼香丝、蛋卷丝或是五香回锅肉丝、酱牛肉，真是色香味俱全，唇齿留香，回味无穷。高明濑粉已有两百多年历史。濑粉有长长久久、如意吉祥的寓意。在高明，每逢过节、喜庆的日子，餐桌上总少不了濑粉。农户们为了做好濑粉，还专门种植适合做濑粉的一种籼米。要做上好的濑粉，做工非常讲究，没有三四个小时的工夫是做不成的。	曾嘉彦.濑粉[J].小学生导刊（高年级），2011（C2）.
3	在调查具体对哪些美食小吃有印象时，给出"顺德双皮奶、佛山盲公饼、大良蹦砂、西樵大饼、炸牛奶、九江煎堆、三水狗仔鸭、凤城鱼皮饺、高明濑粉"，选择知道5个以上的占26.6%，特别是大良双皮奶、顺德陈村粉和高明濑粉，知道的人数分别占有69.2%、55.1%、39.1%。大良双皮奶、顺德陈村粉和高明濑粉的知名度较高，这与美食本身味好、营养、健康、具有来历相关外，还与报纸杂志、电视网络等的报道宣传有关，如高明区每年都举办濑粉节，增加了濑粉的知名度与美誉度。 高明区从2007年起每年都举办以品尝濑粉为主要旅游项目的美食节，至今成功举办了八届，高明濑粉已成为高明名片。	周书云，方微.佛山美食旅游开发现状、存在问题及对策[J].顺德职业技术学院学报，2014（04）.
4	来高明旅游的游客，非常喜欢濑粉，但将双皮奶、濑粉等带回家遇到非常大的困难。如能将美食加工成便于游客携带、便于游客赠送的商品，旅游购物收入会呈几何数增加，并以此形成循环效应，吸引更多的人来旅游。	周书云，苏日娜.美食旅游产业融合发展路径研究——以佛山为例[J].特区经济，2016（12）.

序号	原文摘录	来源
5	高明濑粉是具有独特文化底蕴和较高经济价值的高明特色美食，发展至今已有 500 多年的历史，考究起来，比始创于 1850 年的中山濑粉还早了 300 年。然而由于过去没有重视对其价值的挖掘和宣传，高明濑粉的知名度并不高。为更好地发挥其内含的价值，高明区把高明濑粉申报为高明区非物质文化遗产项目，并积极推动其产业化发展。每年举办高明区濑粉节，加大宣传的力度，把濑粉节打造成高明特有的美食文化品牌，带动濑粉餐饮行业发展，让高明濑粉"走出去"，创造更大的经济效益，使高明濑粉在不断发展壮大中更好地传承和发展。	谢洁清 . 如何通过产业化模式传承发展非物质文化遗产——以广东省佛山市高明区为例［J］. 文物鉴定与鉴赏，2019（14）.
6	佛山美食小吃众多，知名度高，如有如佛山扎蹄、顺德双皮奶、大良硼砂、南海鱼生、三水甘笋蒸饼、高明濑粉等等。佛山乡村地区更是遍布新鲜的食材和特色美食，乡村美食是吸引游客参与体验乡村旅游的主要动力。	卢志海 . 乡村振兴背景下佛山乡村旅游与文化创意产业融合发展路径研究［J］. 经济师，2019（06）.
7	佛山是美食之乡，是粤菜的发源地之一，同时是粤菜大厨的故乡。佛山美食众多，知名度高，如清代佛山厨师梁柱候所创制的柱候鸡、大良野鸡卷、创制于清代嘉庆年间的盲公饼、九江煎堆、状元及第粥、酝扎蹄、石湾鱼腐、吊烧鸡、顺德双皮奶、大良崩砂、高明濑粉等。	郑许冰 . 乡村振兴背景下佛山市乡村生态旅游与文化创意融合发展探析［J］. 现代商业，2020（35）.
8	高明区是典型的三线城市风貌——楼群低矮，没有购物中心，当地人更习惯到杂货市场做买卖，早餐店挂着特色美食"濑粉"的招牌。	邢梦妮，等 . 回家的诱惑［J］. 第一财经，2021（10）.

续表

序号	原文摘录	来源
9	伍文辉是地道的西关人，是西关水菱角制作技艺的市级非遗传承人。 伍文辉认为，广州的濑粉有两个流派，一是省城老濑粉，以西华路的凌记林师傅为代表；另一个就是西关水菱角，也叫老西关濑粉，东莞、中山、高明的都属这一派。两者相同点是，皆纯米制品，都要用生熟浆混合。两者区别在于开浆和"濑"的方式，前者是用米磨浆直接开浆，粉质短而身宽，口感软糯；后者是将米磨成粉，再加入水。"濑"的方式也不同，前者是用一种柱形机器，通过手压，可谓"榨"出来。后者是用一只漏斗，把粉浆"濑"到水里，不经外力，冻粉浆与热水相遇而凝固成粉条。	饶原生．岭南小吃里的人文密码［J］.同舟共进，2021（12）.

附录二

系列访谈录

（按访谈时间先后顺序排列）

一、芳味濑粉店工作人员

时间：2021 年 7 月 12 日下午

地点：佛山市高明区荷城街道文华路 307 号

受访人：芳味濑粉店阿姨（工作人员）

访谈人：佛山科学技术学院旅游系本科生杨诗韵、邓咏

文本整理：邓咏

审核：谢中元、邓咏

访谈人：阿姨好，你们觉得做好高明濑粉需要什么材料呢？对稻谷品种以及稻谷种植有什么要求？

受访人：要用比较粗一点的米才可以做好。

访谈人：你们做高明濑粉一般是用什么材料，是用粘米粉还是别的东西？

受访人：粘米粉。

访谈人：高明濑粉全部是用粘米粉？

受访人：对的。

访谈人：那可以总结一下做高明濑粉有什么关键的步骤吗？有没有什么经验？

受访人：好像不用什么经验的，那些是眼见功夫。

访谈人：比如说"濑"粉的时候有什么技巧？

受访人：有的，要注意控制水温。

访谈人：水温？

受访人：那些是不一样的，要水温合适才可以。

访谈人：濑粉的高度有没有要求？就是说高一点就细一点，低一点就粗一点什么的？

受访人：有的，就是这个道理。

访谈人：那用什么技巧做高明濑粉？譬如说，汤底和濑粉的做法、配料的搭配有什么技巧？

受访人：高明濑粉一定要有姜末，包括姜、葱、花生、头菜那些。汤底多半是猪骨汤。

访谈人：那这个猪骨汤一般要熬多久？

受访人：五六个小时。

访谈人：一般是用什么部位的材料熬成？全部是猪骨吗？

受访人：是筒骨，高钙且营养比较丰富一点，味道会比较纯正一点。

访谈人：你们有没有想过用什么方法去宣传高明濑粉？

受访人：高明濑粉已经足够出名了。

访谈人：是的，在高明，大家都知道濑粉。在做法上面，有没有想过突破？

受访人：一般食客都是喜欢手工制作的。

访谈人：手工制作？

受访人：因为机器制作的濑粉，口感没有那么爽滑。

访谈人：对的，是有这个区别。那有没有想到去创新一下？

受访人：暂时没有，都是按照传统的做法。

访谈人：会不会出一些新花样，比如说加什么新的东西？

受访人：没有想过这些。最重要的是那些配料、汤底，保持好之前流传下来的。也许以后会有创新吧！

访谈人：好的，谢谢您！

二、上善濑粉工艺传承馆负责人伍锦强

时间：2021 年 7 月 15 日上午

地点：佛山市高明区荷城街道康宁路 108 号

受访人：上善濑粉工艺传承馆负责人伍锦强

访谈人：佛山科学技术学院旅游系本科生杨诗韵、邓咏

文本整理：邓咏

审核：谢中元、邓咏

访谈人：伍师傅您好！耽误您一点时间可以吗？请您介绍下高明濑粉。

受访人：可以的。做濑粉、吃濑粉是当地人的一个传统习俗。高明濑粉一直是用生米加熟米做出来的，100 斤大米要混合 20 斤米饭。以前邻居聊天的时候会问，你有没有濑粉的谷种啊？之所以首先借谷种，是因为晚造米生长时间比较久，其颗粒类似于珍珠米一样大粒饱满，高明人用的就是这种米。等到有喜事了，就会浸米 2 小时，去农村打粉厂

打成粉，让太阳自然晒干，摸起来有点粉状就可以装坛了。以前哪有零食吃，最多也就只有番薯吃，所以濑粉就是20世纪80年代最珍贵的食物了。我妈妈是从20世纪80年代开始做濑粉的，当时只是做早餐。我出了社会，就开了一家濑粉店。后来我回到佛山开了这家有特色的濑粉店，希望让高明濑粉走得远一点，把这个技艺延续了下来。高明濑粉店有很多，原材料虽不一样，其实工序差不多的，就是你用你的米，我用我的米。但我们自己就按照以前传下来的方法，怎么教的就怎么做。我们和佛山科学技术学院的机构合作搞了一个研发基地，想把高明濑粉研制成像螺蛳粉一样的产品。

访谈人：你们打算推出高明濑粉的特色产品？

受访人：有这个考虑。如果像以前那样一直手工制作濑粉，根本走不远。我个人理解，螺蛳粉跟我们的濑粉是一样的，只不过叫法不一样而已，工序是一样的，味道是不一样的。螺蛳粉应该是加了其他东西的，所以韧性比较足，高明濑粉是不添加的。我们以后要研究出一种好像方便面一样的高明濑粉，这就要靠你们年轻一代去研发了。

访谈人：除了这个想法，您对高明濑粉还有哪些探索？

受访人：20世纪80年代是没有自来水的，想起来就是"粒粒皆辛苦"的感觉。我们以前是烧柴烧火的，要去水井打水。那时候我还小，经常看到家里做濑粉，就是妈妈、外婆一起做濑粉，这让我久而久之产生了一种情怀，所以等我长大成人了，就想办法开了一家濑粉店。我们店铺的这些工具，就是想给客人看看以前制作濑粉的不易，让人饮水思源。当然也是要搞好卫生设施，才能够抬高高明濑粉店的名声。我是一个地道的高明本地人，基本上是在家里吃饭的，饭菜里是妈妈的味道。客人们来到我们店里，也能吃到一样的感觉。做濑粉是很讲究的。比如说配料，我们店里的花生都是自己炒，不是从外面买回来的；比如说合水粉葛，我们用的是地道的农产品，是很接地气的。所以你们来到店里吃濑粉，会觉得没有大厨师级别的那种感觉，只有家庭的那种氛围。我们的员工，大家都保持一种乐观的心态，一个大家庭的氛围。我们的出品符合卫生标准，不讲卫生的话，无法在店里工作，我们店铺非常注重卫生健康。要精益求精，各个方面必须要有品质，要让顾客有家的感觉。另一方面，如果高明濑粉没有工业化发展的话，就很麻烦，这个也是要靠青年去研发。

访谈人：能从您们店里感受到这种氛围。既然提到发展，是不是可以制定出机器、手工濑粉两种不同的标准？

受访人：要给出一个标准还是比较难的，手工濑粉体现出个性特色。每一家晚造米的日照、水土不一样，产出的米就不同，加上高明每一家濑粉店都有自己的独到之处，做出来的濑粉就会有不同的味道、不同的口感。我们店铺是现做现卖的，做出来的濑粉相对而言是容易断的，因为是纯大米做的嘛，如果不容易断的话，就是加了淀粉类的东西。

比如访谈人：那您是怎么想到做干濑粉的？

受访人：其实我一直都想弄一个干濑粉出来，那些外面闯荡的人就可以拿干濑粉当手信送人。

访谈人：那就是干濑粉的保质期可以长一点，可以经过长途运输。

受访人：是的，干濑粉其实以前就有人做过，包括合水人也做过，不过没有我们包装的那么好看罢了。

访谈人：对，只有您这一家店是打好包装的。

受访人：我早就说过了，我们的出发点是想把高明濑粉推广得远一点，赚不赚钱都不是什么事，没有利润也没关系的，也没有想过说要靠这个赚钱，自始至终是有一种情怀在这里。我们前几年去香港的美食节，有一个香港高明的同乡会提出会给我们提供平台，再就是高明的同乡会也会卖高明的特产。如果我们去到那里，就是卖新鲜的濑粉。我也和他们说过，我们是做鲜濑粉，但是我们要对接香港，香港有一间高明濑粉店是明城人开的。我们就去向他们借工具，现场做濑粉，做饮食的在那个地方开店，肯定是要适合当地人的口味。之后，我们就把那个干濑粉、葛根面也拿了过去。

访谈人：葛根面？听过但没有吃过。据说您还将粉葛加在了濑粉里？

受访人：是的，我将高明的两大特色结合在一起。我们合水粉葛是著名的国家地理标志产品，濑粉是我们高明人的特色。一提起今天吃濑粉，下一句肯定就是：你们今天有喜酒喝吗？

访谈人：对对对！

受访人：这已经成了一种情怀，一种兴趣，一种习俗了。对于我，对于加入我团队的一些年轻人来说，做一样东西要自己有兴趣才可以，这样才不觉得辛苦。如果别人不喜欢，逼别人做，其实是很不好的。就像这几年有好多老板说，不管盈亏都想要在家乡投资，所以我们身边有很多人都热心于家乡发展的。

访谈人：是的，很多人都有这样一种情怀。

受访人：就是有着这种情怀。就如你多开一间店铺的话，我们给你投资，你们自己"平"到本就可以了，他就想你做大一点，想推动高明的特产走远一点，等你慢慢赚到钱。我个人觉得，如果想走得远的话，就应该像螺蛳粉一样，你一旦有这种产品，就会有人来给你提供平台帮你推销。

访谈人：有道理！你们上善濑粉与别家不一样的地方是什么？

受访人：我们上善濑粉的特色在于，原材料选合水的黄谷米，还有我们店的特色装饰，让来的客人知道从前做濑粉是十分不容易的，要担水、要磨米粉什么的。店里营造出一种教育文化，如珍惜粮食、艰苦劳动等。我们一直保持着前人教下的工艺，还有我们的汤底是接地气的，用合水粉葛、红萝卜煲猪骨。我们的汤底是很清的，不会放味精、鸡精，因为我们的店名叫"上善"，我们做事是善行善举，我们也做很多公益。现在也会有很多外地客人，就不是高明人，也专门过来我们店吃濑粉。

访谈人：好的，谢谢您接受访谈。

三、江南濑粉店创始人区合娥

时间：2021 年 7 月 15 日上午

地点：佛山市高明区江南濑粉店怡乐路分店

受访人：江南濑粉店创始人区合娥

访谈人：佛山科学技术学院旅游系本科生杨诗韵

文本整理：罗光兆

审核：谢中元、罗光兆

访谈人：区姨您好！濑粉的起源是什么？把您做濑粉的故事和我们分享一下吧。

受访人：高明的濑粉，老人都说它意味着长长久久。有喜事的话，都是用濑粉来配合礼仪的。

访谈人：做好高明濑粉，需要什么材料呢？对稻谷有没有要求？

受访人：有要求，要选米的。早稻不行，要用晚稻米，黄谷米最靓（好）。

访谈人：为什么要用晚稻米呢？

受访人：因为早米呢，它很硬，没有黏性，没有那么好吃。

访谈人：高明濑粉有哪几个关键的步骤？

受访人：步骤其实不难，就是易学难精。讲很容易讲，在实际中做起来才知道行不行的。会做的，做濑粉三个钟都不会断，如果不会的，一个钟就断了。有很多因素会影响效果，比如会不会给水啊，会不会控制水温，等等。

访谈人：那水温要控制到多少度？

受访人：要看情况来定，比如：打粉打熟了，就不用这么烫；用打粉机打粉，电力大，那些粉熟了的，就不用加热。很多时候，都是一边做一边看情况处理的。不是说叫你水温一百度，就一直控制在一百度。

访谈人：是不是凭手感、凭感觉？

受访人：最好就是凭感觉，做濑粉真是讲经验的。有时候"濑"粉，生会弄成熟，熟也能弄成生，总之就是一边做一边学。多想一想，如果濑粉不够熟，就水温高一些；如果硬邦邦，就赶紧放点热水。

访谈人：有没有老一辈传下来的一些经验技巧呢？

受访人：经验肯定是有，但是难以用语言表述出来，很少去总结。在我小时候，我妈做濑粉就做得很棒，那时候人人都找我妈做濑粉，她就是凭手感，凭感觉。

访谈人：那您为什么会想到去做濑粉呢？

受访人：乡下分田到户，那时候我三十一二岁，儿子才六七岁。去市场做生意，自己做师傅，想要找用心就能做好的工作，那就学做濑粉咯。当时没人教的，是自己学的，踩个单车，够钟（时间）就去学，做到晚上，来维持生活。

访谈人：江门有江门濑粉，我们高明有高明濑粉，高明濑粉和其他地方的濑粉有没有什么不同？制作方面有什么区别？

受访人：反正我们高明濑粉有特色，材料都是用最靓的。将心比心，扶着良心做好濑粉。

访谈人：具体有什么不一样？

受访人：用米不同吧！昨晚有个客人来文明路那个店打包，他说："阿姨，我以前买的濑粉很碎，你可不可以拿一些长的给我。濑粉时间长，它会断。"我们的濑粉用高明的晚稻米做成，可以做得比较长，也相对不容易断。

访谈人：高明特色濑粉还需要些什么配料？

受访人：配料有姜蓉、辣椒、蛋丝、半肥瘦猪肉、牛腩、猪手等，这些经常使用。

访谈人：对汤底有什么要求呢？

受访人：汤底是用猪骨慢慢熬的，真东西。

访谈人：制作这个汤底，一般要煲几个钟？

受访人：煲两个钟吧！如果猪骨多，就煲长点。

访谈人：有没有放粉葛、玉米？

受访人：有的地方放，我们店只放猪骨。

访谈人：您觉得要怎么推动高明濑粉持续发展？

受访人：多点人来学就行了。

访谈人：很多人知道高明濑粉，但是没吃过。

受访人：高明濑粉还是有名气的，广西那边很多做螺蛳粉的人过来学。濑粉最重要的是选材，食材一定要靓，要用晚米，早米是做不出效果的。

受访人：明白了，谢谢您！

四、靓记濑粉店工作人员

时间：2021 年 7 月 23 日下午

地点：佛山市高明区荷城街道沧江路梅花街 AB 座靓记濑粉店

受访人：靓记濑粉店阿姨（工作人员）

访谈人：佛山科学技术学院旅游系本科生杨诗韵、邓咏

文本整理：邓咏

审核：谢中元、邓咏

访谈人：阿姨您好！想了解下，做好高明濑粉，需要什么原材料呢？

受访人：米是最重要的。

访谈人：要用什么品种的米呢？

受访人：我们这边叫作"青扬米"，又叫大粒米，还有一些人叫"小龙粘"。

访谈人：对稻米的品种和种植有什么特别的要求？

受访人：需要晚造米。

访谈人：高明濑粉的制作流程是怎样的？

受访人：第一步是选米，选一些晚造米，然后浸泡。天气冷的话，

米肯定要浸泡的。看天气，一般来说，浸泡1—2个小时。像现在天气热的情况下，就不要浸泡太久，如果浸泡太久，那些米就会馊掉。天气冷了，米可以浸泡得久一点，道理就是这样。把米浸泡完之后，晾干一点，然后拿一些晚造米煮饭。

访谈人：煮饭？为什么要有这个环节？

受访人：对啊，煮饭，一定要煮饭。我们叫"晏仔"。

访谈人：把煮熟的米和浸泡过的米混合在一起？

受访人：会的，会混在一起。你去把米打成粉的时候，他会帮你混在一起。你最好将那些饭弄得干爽一些，不要过于湿，过于糯。

访谈人：就是要硬一点？

受访人：硬是绝对可以的，就是要硬，太软太稀的饭是不行的，因为这样子的饭是很难打的，会粘打粉的机器，粘住打粉的机器就打不出粉，打出的粉就不好，所以煮的饭要爽（干）。我们平常煮饭，大多数会很早就把饭煮好，或者是隔夜把饭煮好，晾晒干，然后拿去打。

访谈人：煮熟之后，不会马上拿去打？

受访人：饭要冷却完，粒粒分明之后，才可以拿过去打粉。

访谈人：打粉之后呢？

受访人：浸泡米之后是洗米，把淘米水洗清，一定要把淘米的水一遍一遍过清，濑粉才会容易濑。如果你的洗米水不清，你的濑粉是很难制作的，米会堵在那个空里面，那样的濑粉就不好。一定要把米洗清，然后拿去打粉，打粉那里也是很重要的。要看打的粉的生熟，还有粗细的问题。如果他的粉打回来是粗一点的，那濑的濑粉，口感是很粗糙的，不滑的。所以，那个粉一定要打得很细，细腻顺滑。不要把粉全部打得很熟，全熟的话，我们和粉、搅米浆就很难处理好。搅米浆也要看天气。你看现在天气那么热，水的温度就不要那么热，太热了容易结块。

访谈人：夏天水温一般要保持在多少度左右？

受访人：一般都是保持在 70 度，像这个时候六七十度就可以了。

访谈人：冬天呢？

受访人：冬天就要八九十度，如果很冷的话，可能要 100 度。把米浆打好，你就可以用手去触摸那个粉团，看看你那块粉团打得熟不熟。有时由于开粉的水温问题，我们也不能很好地掌握，不是每次都很准的，要靠我们的手感去感受那块粉团。如果你用手去摸，感觉到那块粉团是滑的，那这个粉团就可以；如果手感有一点粗糙的话，有一点沙砾感，就证明那块粉团是生的，生了就一定不行。

访谈人：看来真不容易，那要怎么处理才能达到效果呢？

受访人：加入开水，一定要够烫，看它的生熟程度吧。还是要靠手感去感受那块粉团，然后把开水（大概 90 度左右的水）往下加，像现在，如果那块粉团生的话，要用八九十度的水浇到那块粉团上面，浇下去，浇到它熟为止，一直到那块粉团变滑为止，再慢慢加水，一点一点地稀释它，然后才能濑粉。这些一样是看天气、看手感，我们每天也是看天气、看手感去做事情的。一定要靠手感去摸那些粉，看看那些粉滑不滑，米浆弄得滑不滑，这些都是很重要的。

访谈人：您这么讲，我有点明白了。

受访人：调好那些粉浆就可以拿出来濑，濑的时候也是要重新调一下这些粉浆，要调到它用筷子拉上来的感觉是很顺畅的才可以。如果那些粉浆用筷子或者手弄上来，流得不顺畅，那就是要重新调过。

访谈人：就是要让它不要断，是不是？

受访人：是的，我们把粉浆调好了，要用手去感觉，用手上下拉动粉浆，要让那些粉浆落得很顺畅，但又不是很快，落得很快的那种是不行的，就是要让他顺畅到连起来的。一截一截的，那是不行的，这样的话那些粉浆是很难濑出濑粉的。一定要顺畅，一定要有韧性，像是橡皮筋一样顺下来，很顺的，那粉就是可以的。

访谈人：有没有什么从老一辈传来的口诀、经验？

受访人：也没有什么口诀，都是一代代传下来教我们怎么分生熟粉，怎么去用手感摸粉，开好粉团后看那个粉团熟不熟，全凭手的感觉。

访谈人：好的，那您觉得高明濑粉和其他地方濑粉的制作技艺有什么区别吗？我们高明濑粉的特别之处在哪里呢？

受访人：总之，只有高明才可以做出这样的濑粉，外面的人就做不出这样的濑粉。只有在高明才可以吃到正宗的高明濑粉，去其他地方吃濑粉是吃不出这种感觉、这种味道的。

访谈人：做高明濑粉，需要哪些配料呢？

受访人：我们高明濑粉大多数是头菜、姜蓉、葱，还有花生，这些是主要配料。

访谈人：高明濑粉如果要可持续发展，您觉得还要怎么做？

受访人：没有，这个暂时没有想过。

访谈人：有没有想过创新的手段，如做成濑粉干。

受访人：这一点肯定想过的，因为濑粉干是可以带出去的嘛，不像新鲜的湿濑粉带不出去，时间放不长。但是，不知道要怎么搞这个事情。那濑粉干就和那些桂林米粉一样，容易携带。不过，还是现做现吃，口感会好很多，那些濑粉干口感上会不一样。做濑粉干，可以把高明濑粉传播出去，各个地方的人都可以吃到，我也希望这个濑粉干可以做出来。

访谈人：您觉得怎么样才能将这个高明濑粉传承下去？

受访人：濑粉，始终是每个时节、每个喜庆的节日必不可少的吃食，濑粉在高明是会传下去的，是不会断的。在高明，是不会忘记有高明濑粉这个说法的。濑粉是长长的，因为它的寓意是长长久久，意头很好，很多人喜欢。

访谈人：您说得很好，谢谢您！

五、高明濑粉制作技艺区级代表性传承人谭玩芬

时间：2022 年 5 月 20 日下午

访谈方式：微信语音连线

受访人：谭玩芬，佛山市高明盈香生态园濑粉师傅、高明濑粉制作技艺区级代表性传承人

访谈人：佛山科学技术学院旅游系本科生杨诗韵

文本整理：杨诗韵

审核：谢中元、杨诗韵

访谈人：芬姨好！您知道高明濑粉的起源吗？有什么传说？

受访人：高明濑粉是高明最著名的一道地方特色小吃，距今已经有2000 多年历史了。据传，高明濑粉起源于秦朝，其出土文物中就有最原始的濑粉压榨机。秦始皇为了统一中国，派 50 万大军征战南越，为解决南越山区粮食供应困难的问题，秦军伙夫根据瑶族饸饹面的制作方法，开创了濑粉。后来为了解决将士水土不服的问题，用当地的草药制

成防疫汤药。由于战事紧张，将士们经常将濑粉和汤药放在一起食用，久而久之就形成了今天濑粉的雏形。经过历代师傅的改进和完善，流传千百年的濑粉成了广东高明的特色小吃，加上高明制作濑粉的独特材料，更是造就了今天滑、脆、爽的高明濑粉。因为濑粉长长的，有长长久久的意思，故而深受高明人喜爱，逢年过节或生日，或办其他喜事，高明人都有吃濑粉的习俗。

访谈人：做好高明濑粉，需要什么原材料？对稻谷的品种及其种植有什么特别要求？

受访人：做濑粉的原材料主要是晒干的粘米粉，辅料有上汤、鱼肉、猪肉、头菜、蛋丝、炸花生、姜蓉、葱花等。我们要选用 150 天或以上成熟期的晚造优质米，选米是关键，要选晚造的黄谷米，加上晏子，按 10∶1 的分量混合后打粉，晾干，这样做出来的濑粉爽口不粘牙。之所以用黄谷米，是因为黄谷米是晚造米，下半年种植的，发育时间较长，种植超过 120 天，所以黏性尤其强，适合做出爽口弹牙、有口感的濑粉。

访谈人：高明濑粉的制作流程是怎样的？

受访人：主要流程是选米→泡米→晾干→和米饭→打粉→晾粉→加水搅粉→试浆→濑粉（过热河）→冷却（过冷河）→加热→加汤底→加配料、调料与肉→大功告成。

访谈人：您能否总结下制作高明濑粉有哪几个关键步骤？最核心的步骤是什么？有哪些经验诀窍？有什么从老一辈传下来的心得口诀？

受访人：在我看来，和粉时水温很重要，要和得好，韧度才足，"过冷河"同样很关键，爽不爽口就看老工序，一定要把水过清。具体细分（1）烧水，保持水温 90℃左右；（2）搅粉，先将干粉放入盆里，慢慢倒入 80℃ 左右的温水边搅边加，直至将粉搅成糊状；（3）试粉，通常农户用勺子漂一漂粉糊，看它是否成型，然后用一种叫粉瓯（器）的工具筛一筛，看是否能滤出长长圆圆的粉线；（4）濑，保持在 90℃ 左右的水温，火一定不要太猛，在水面以顺时针方向一大圈一小圈往下"濑"，直到将濑粉濑完，浮起捞出；（5）"过冷河"，也就是冷水冷却，将翻转的濑粉快速放入冻水中冷却，之后再放入筛中存放，"过冷河"的作用主要是让粉与粉之间分离，不容易粘连；（6）放配料和汤料，是最后工序，用辅料配上上汤，一碗米香浓郁的濑粉就制作成功了。

小时候逢年过节，就要帮妈妈烧火做濑粉，妈妈经常说，不单是粉要和得好，控制火候也很关键，以前生活条件不太好，都是用柴草做饭的，濑的时候水温不能太高，控制在 90℃ 左右，水太沸的话濑粉容易断开，差不多濑完的时候要加大火把它烧开，濑粉会马上漂浮起来，这样濑出来的濑粉就很靓，不易粘连。

访谈人：高明濑粉和其他地方濑粉的制作有什么差异？

受访人：与中山濑粉的爽韧相比，高明濑粉侧重软滑。可以说二者之间优点各不相让，而西关濑粉最大的特点就是汤底绵绸，滑口有弹性，满嘴米香。

访谈人：做出有高明特色的濑粉，还需要注意些什么？

受访人：现在为了迎合当代年轻人的喜好，我们会准备一些烧鹅濑粉、牛腩濑粉、猪脚濑粉、鸡排濑粉、猪排濑粉、烧鸡濑粉。素食可加菠萝肉、紫薯、南瓜等。我们一直在研发不同的配料搭配，努力把濑粉的口感做得更好。广州西关濑粉的配料不同，他们是加花生、虾米、叉烧、冬菇、猪油渣、萝卜粒等。比如说我个人，就比较喜欢加紫薯进去，这样的话濑粉就由原来的白色变成了紫色，大家就觉得很新奇，都想来尝试一下。

访谈人：高明濑粉若要可持续发展，您认为该怎么做？

受访人：希望政府在经济上大力支持，社会各界重视濑粉这个非遗项目，科研机构多关注、多研究、多推动，使濑粉非遗有更好的发展，一代一代传承下去。

访谈人：对于高明濑粉的保护发展，您有什么计划？

受访人：祖辈辛苦多年研制出来的濑粉产品，我们后辈要继续传承弘扬好，将其发扬光大。在传承濑粉文化方面，我们做了大量的工作，如建立濑粉学堂，每年接待学生、亲子团超十万人次。我们与同行多次展开交流，开座谈会，希望我们的产品能畅销全国各地。这两年我们在探索研究将湿濑粉制作成濑粉干，受到了广大消费者的喜爱，我们还要继续努力尝试。

访谈人：好的，谢谢您！

六、高明濑粉节区级代表性传承人陈建宁

时间：2022 年 5 月 20 日下午

访谈方式：微信语音连线

受访人：陈建宁，佛山市高明区首批区级非遗代表性项目（高明濑粉节）代表性传承人，高明区藏宝田餐饮有限公司、藏宝田农产品有限公司、藏宝田濑粉店总经理

访谈人：佛山科学技术学院旅游系本科生杨诗韵

文本整理：邓咏、罗光兆

审核：谢中元、杨诗韵

访谈人：陈总好！知悉您在高明濑粉方面是比较有研究的，我想问的第一个问题是，高明濑粉的起源是什么，可以讲讲有关高明濑粉的传说吗？

受访人：我现在是高明濑粉非物质文化遗产代表性传承人，有义务把这个弄清楚。高明濑粉的起源是比较早的，流传下来的传说也有多个版本。第一个就是我们家族这边的故事。北宋名臣包拯知端州时，吃不惯南方米饭，族人陈秀送上早稻米粉疗饥，包拯吃后大赞："粉好吃，胃口好，全赖有你。"陈秀一听很受启发，因为做米粉离不开水，于是将"赖"字加了水字旁，将自家米粉称为"濑粉"。高明还没有由县变区的时候，高明、高要是一个地方，再加上肇庆，三地水土相似，种植的农产品也差不多。如果要追溯到最早的时候，高明有一个古椰贝丘，是有几千年的历史了，那是最早发现有谷物存在的地方。这和高明的濑粉有内在关系。高明原本种植黄谷米，这是制作高明濑粉不能缺少的稻米。每逢喜庆时节，我们就用黄谷米做出长长的米粉条，和面条很像，意味着长长久久。给老人祝寿也要吃濑粉，如同过生日要吃长寿面一样。因为濑粉做出来很长的嘛，有很好的寓意。在中秋节、除夕等传统节日，我们都会吃濑粉的，寓意长长久久，有好意头。

访谈人：做好一碗高明濑粉需要什么原材料？

受访人：需要的材料是本土米，最好的，就是刚才说的黄谷米。黄谷物这个品种，在高明是有分区的，有水区有旱区。高明杨和镇打下，像三洲、西安等地属于水区；杨和镇打上，有新圩、更楼、合水这些地方，属于旱区。

访谈人：它们有什么不一样的地方吗？为什么做濑粉是用黄谷

米呢?

受访人:黄谷米是比较有黏性的,煮饭吃,比较黏。用它做濑粉,有天然的黏性,不用再加什么别的东西。我们的濑粉是用米做的,用米煮成饭,然后把米和煮熟晾干的饭一起混合,打成粉末状,加水成浆,再用容器做出来,这个粉就可以拉得很长。一定要用这个米才可以做出这样的效果,这是第一。第二,我们用这个米做出的濑粉,口感要比用其他的米好,更有米香味。而且一定要用晚造米,就是下半年的米。你知道什么叫晚造米吗?

访谈人:知道的,听说过这个米。

受访人:一年之中,分两造米。就像过完年插禾苗种,到学生放暑假时准备收割的,这批种植的是早造米,早造米的生长期只有90天左右。它的成熟,是靠太阳的热能,是把米"热"熟的。但是晚造米呢,有120天左右的成熟期,是慢慢成熟的,而不是靠太阳"热"熟的,所以含粉量会比早造米多很多。同样一个品种的米,晚造米都会比早造米贵一些。

访谈人:高明濑粉的制作流程是怎样的呢?

受访人:第一步就是选米,选出优质的晚造黄谷米;第二步,将黄谷米浸泡,然后清洗,将表面洗干净,使洗米水变清;第三步,把洗好的米按比例煮饭,待煮熟了饭,再把剩下的米混合在一起打磨成粉末,待把粉末晾晒干后进行筛粉,把粉里面的杂质筛出来,筛出来后就可以开浆了。开浆要用水。那水温要看天气,一年四季做濑粉的水温都是不同的。

访谈人:比如说,夏天这么热的话,水温是不是要低一点?

受访人:就是这样的,没错。

访谈人：那下一步是什么呢？

受访人：开完米浆，下一步用大锅煮开水，准备容器濑粉。濑完粉就要过冷水，你看那个濑粉是下在开水锅里面，所以它下去一会就熟了的，把它捞出来，过一遍冷水，过完冷水捞起就拿来备用了。

访谈人：那我明白了。

受访人：过冷水，然后就捞起备用。你喜欢吃什么口味就放什么配料，喜欢吃烧鸡就放烧鸡，喜欢吃烧鹅那就放烧鹅。

访谈人：濑粉还有哪些种类？

受访人：有广州濑粉、中山濑粉、东莞濑粉，还有我们高明濑粉。首先讲讲广州濑粉和我们高明濑粉的区别，广州濑粉不是用汤的，它是像煲粥那样的，它的濑粉很短、很碎，是糊状的，但是它用的米、材料和我们用的都近似，都是用那种黄谷晚造米。广州濑粉不是一条条的，而是一段段的，好像糊状那样的，那配料就有鱿鱼须，有不同的搭配。它吃起来就好像是小孩子吃糊仔一样，从口感上来说是这样。东莞濑粉，按照我们的认知，它的突出卖点就是烧鹅濑粉，以肉最为突出，本身我们广式烧腊也很出名，所以它的濑粉就注重肉，给我们的感觉就是烧鹅是核心，是灵魂配料。

访谈人：高明濑粉需要什么配料？

受访人：我们高明濑粉更注重粉，粉要注重原材料，核心就是原材料，反而我们的配料只是用猪骨、鸡骨这些煲个汤出来，就是煲老火汤。配料比较接地气，姜蓉、葱花、头菜、花生等这几样是核心配料。肉类就有猪肉、鱼肉、蛋丝，这些都是比较传统的。像我们现在有些濑粉店也会配一些牛腩等，总之比较接地气，注重的是粉，粉要靓，材料要靓。

访谈人：您觉得高明濑粉要可持续发展，应该怎么做？

受访人：目前来说，我们高明区文广旅体局、非遗科、博物馆等对我们濑粉大力支持。我们在高明暂时是在开店，也得到大批客人的认可，可这还不够。我们计划是将濑粉进行标准化生产，希望得到更大的支持，期待不断地去宣传推广。

访谈人：您准备在哪些方面进行探索和突破呢？

受访人：我这个濑粉已经是一种创新。原来只是开店卖濑粉，就像我们高明有几百家濑粉店，但是一直都是家族式的濑粉店，没有升级。我就建立厂房，将它升级，进行创新。比如，我将粉葛粉融入濑粉，做成粉葛濑粉，还做烧鹅濑粉，再将它发扬出去。做濑粉是需要花很多工夫的，租金贵、人工贵，不是那么容易的。不管怎么样，我会尽努力将高明濑粉制作技艺保护好、传承好，不断发扬光大。

访谈人：非常感谢您接受访谈，谢谢您！